JN039872

第4版
初学者のための
機械の要素
真保吾一 著
長谷川達也 改訂
Ohmsha
Ohmsha

初版のはしがき

最近の機械の進歩はまことにめざましく，鉱・工業はいうまでもなく，いままで機械とは縁のうすかった農業や林業にまで，急速に機械化の波が押し寄せて，いまでは，あらゆる人人が直接・間接に機械の恩恵を受けています．また工場などでは，いろいろな機械や装置がつぎつぎに自動化され，その操作にほとんど人手を要しなくなる一方，原子力発電や宇宙旅行などという，いままでは夢でしかなかったことが，次第に実現して，人類に限りない希望を与えています．

このように，機械は現代の文明をささえ，押し進めるというきわめて大きな役割をはたしています．したがって，現代に生活する人は，だれでも機械についてある程度の知識をもつことが必要になってきました．

機械の種類はきわめて多く，その機構や特性は千差万別です．ところがよく見ると，機械はネジ・歯車・軸などの部品によって構成されていることがわかります．ネジ・歯車・軸，その他これらに類する部品のことを機械の要素といいますが，機械を設計したり，製作したり，また機械についての知識を得ようとされる人人は，なによりもまずこの機械の要素について勉強することが必要です．

本書は，それら機械の要素について，なるべく広く取りあげ，むずかしい理論は避け，できるだけわかりやすく解説したものです．そのため，解説図は実体感が得られるように，写真や立体図を多く用い，また，実際に応用されている各種の機械部品や機構などについても，紙数が許すかぎり解説して，初学者に親しみやすいように心がけました．

本書が，初めて機械について学ぼうとする方方や，学生諸君，その他現場の実務に携わっておられる方方の参考となれば，著者のこの上ないよろこびです．

おわりに，本書の刊行にあたって，参考にさせていただいた諸文献の著者に感謝するとともに，終始ご協力いただいた理工学社社長中川乃信氏に対し，厚くお礼を申しあげます．

1964年10月

著　者

第4版の改訂にあたって

本書の初版のはしがきは，機械技術の進歩とその重要性について述べられた貴重な文章であり，著者である真保吾一氏が1964年に執筆しました．1990年には，著者の良き後輩である助川政之博士と吉田章博士によって第2版が改訂され，2003年には第3版が理工学社編集部により改訂されました．しかしながら，時代とともに機械技術や知識の分野は大きく変化し，それにともない機械に関する理解や情報の要求も変わってきました．

そこで，第4版において，原文の要点に敬意を表しつつ，現代の視点から見た機械の要素についてわかりやすくし，読者のみなさんに新たな視点と情報を提供することを目的として改訂を行ないました．

近年の機械技術の進歩は，著者の真保吾一氏が執筆したころには想像もできないものであり，私たちの日常生活や産業に革命をもたらしています．自動運転，人工知能，ロボティクス，再生可能エネルギー，バイオテクノロジーなど，さまざまな分野での革新が進行しています．これにより，機械技術はますます多様かつ複雑になり，私たちの社会における役割も拡大しています．

また，環境への配慮や持続可能性への関心が高まるなかで，機械技術の進歩は新たな課題と機会を提供しています．エネルギー効率，廃棄物削減，クリーンエネルギーの利用など，持続可能な未来を築くための取り組みが進行中です．

この改訂版は，現代の機械の要素に焦点を当て，機械の要素に関する基本的な知識を扱う際に，現代の技術と結びつけ，読者のみなさんがより深い理解を得られるよう心がけました．

機械技術の変遷は，未来に向けた驚くべき可能性を示唆しています．この改訂版が，機械技術に興味をもち，はじめて機械について学ぼうとする方々や学生諸君，現場の実務に携わっている方々にとって有益であることを願っております．

最後に，本書の第 4 版は，全面的なリニューアルを経て実現しました．この大変な編集作業に尽力いただいたオーム社のみなさんに深く感謝申し上げます．

2023 年 10 月

改訂者　長谷川達也

目次

1章　機械と機械要素

2章　結合用機械要素

3章 運動伝達用機械要素

4章 運動制御用機械要素

5章 流体用機械要素

6章 回転体

7章 自動制御

1

機械と機械要素

1・1 機械とはどんなものか

現代のめざましい文明の進歩は，機械の進歩・発展によってもたらされたといっても過言ではない．18 世紀には，機械革命から産業革命が起こったが，これに対して現代は第二の機械革命の時代であるといわれるほど，機械が急速に進歩している．

人間がこのように大きな進歩をなしとげたのは，人間が道具を使うことができ，道具が機械に発展し，いろいろな技術が発達してきたからである．

そして今世紀に至っては，機械は，人間に代わって，人間のする仕事を，人間が行なうより数倍速く，精密に，かつ大がかりにするようになってきた．

図 1・1 は，**フレキシブル生産システム**（Flexible Manufacturing System：FMS）を示したものである．これは**数値制御工作機械**（Numerically Controlled Machine Tools：NC 工作機械）やロボットを被削材倉庫に沿って配置し，生産指示にしたがって被削材と治具に加えて切削工具や加工プログラムなどを NC 工作機械に自動的に届け，多品種少量生産ができるようにした生産システムである．この生産システムでは，人手を大幅に減らすことができ，夜間や休日の無

図 1・1　FMS（写真提供：ヤマザキマザック株式会社）

人運転が可能であるので，生産現場の労働生産性を飛躍的に向上させることができる．

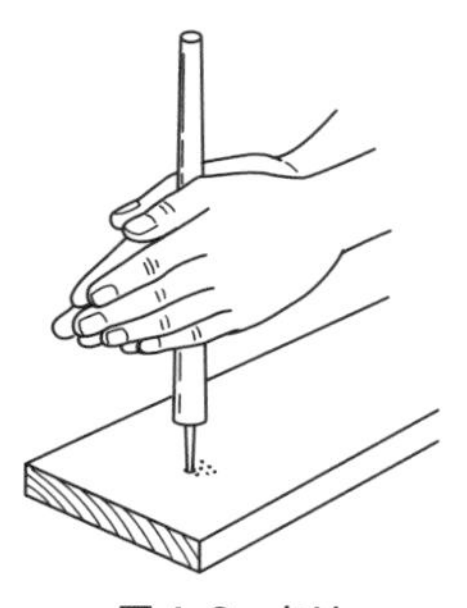
図 1·2　キリ

道具は，初めは簡単な1つの品物であったが，だんだんにいくつかの物を組み立てたものになっていき，さらに，組み立てられた各部分が，たがいに運動するようになり，しだいに複雑な機械になっていったのである．たとえば，手で回して穴をあけるキリ（図 1·2）のような道具がしだいに発達して，動力によってキリを回し，材料に穴をあけるボール盤（図 1·3）のような機械になっていったのである．したがって，簡単な道具でも複雑な機械でも，それらの間にはたがいに共通な点がたくさんある．

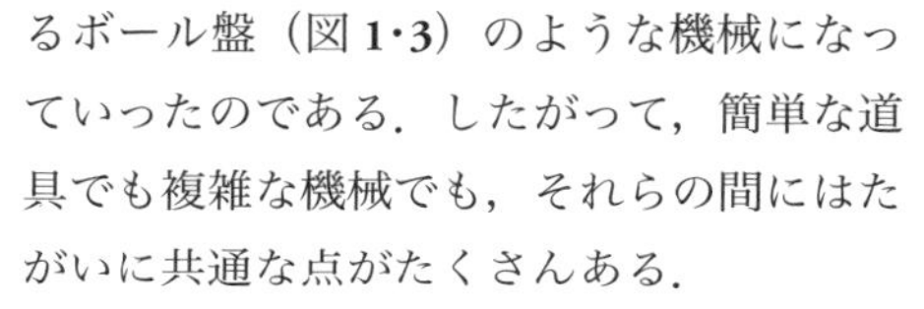

図 1·3　ボール盤

機械というものは，上に述べたようにいくつかの部品を組み立てて，その部品の間にいろいろな運動が行なわれるものであって，動力によって機械をはたらかせることにより行なわせることができるものである．**機械**（Machine）のもっている性質を定義的にあげると，次のようになる．

① 機械は，ほかから加えられた力によって，たがいに運動し得るいくつかの部分を組み立てたものである．
② 各部分が行なう運動は，ある限定された一定の運動であって，任意な運動ではない．
③ 各部分には充分な強度がある．
④ 各部分の運動によって，与えられた**エネルギー**（熱や電気などがもっているような，仕事をすることができる勢力）を有効な仕事に変える．

以上の性質から考えれば，くぎを打つときに用いるハンマーのような，相互運動をする部分のないものは機械ではない．したがって，これらを機械と区別して**工具**（Tool）と呼ぶ（図 1·4）．

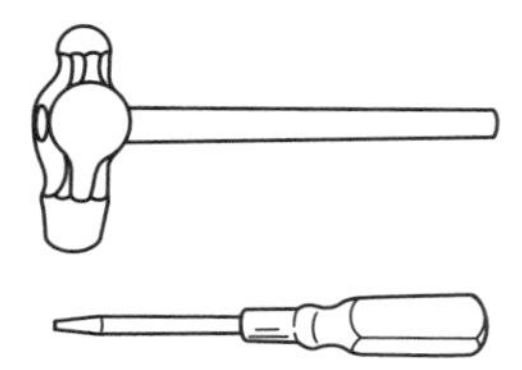
図 1·4　工具（ハンマー，ドライバー）

また蒸気を発生させるときに，水を加熱する装置であ

図 1·5　装置（ボイラ）

図 1·6　器械（はかり）

るボイラや，熱をつくるために燃料を燃焼させる炉，化学薬品相互の間に化合・分解などという化学的変化を起こさせる化学反応タンクなども，同様な意味で機械ではなく，これらは**装置**（Apparatus）といわれる（図 **1·5**）．

時計やカメラ，はかり，そのほか数・量を測定する計器類なども機械に似ているが，有効な仕事をしているとはいえないので，同様に機械とはいわず，これらは**器械**（Instrument）と呼んでいる（図 **1·6**）．

1·2　機械要素

機械を分解して，部品をみると，フレーム（機械の枠組みとなる部分）などのように，その機械だけに独自に使われている部品と，ねじや歯車などのように，ほかの多くの機械に共通に使用されている部品があることがわかる．

独自に使われている部品は千差万別で，これらをすべて系統的に分類しつくすことはたいへんである．すなわち，これらは機械部品としての共通な形態と機能に欠けていて，それぞれ特異なものである．

これに対して，ねじや歯車などのような多くの機械に共通に使用されている部品は，その形態，機能，使用目的などにおいて共通性がある．したがって，共通に使用されている機械部品を，機械を構成する主要な要素となるものであるから，一般に**機械要素**（Machine element）と呼び，これを研究して機械設計の基礎とするのである．

いま，1 例として歯車ポンプを分解してみると，これに使用されている部品は図

1·7に示したように分けられる．このうちポンプ本体やカバーなどは，この歯車ポンプに特有な部品であるが，軸や軸受や歯車などのように，ポンプを運転するために必要な部品や，ねじや座金のように，各部分の締め付けに用いられている部品は，大きさや形は変わっても，この歯車ポンプだけに用いられるものではなく，一般の機械にもよく用いられている機械要素である．

（a） 外観

（b） 部品

図1·7 歯車ポンプ

このように部品を機能の面からみてくると，機械要素には，ねじのようにいくつかの部品を結合して，必要な形を保たせるための**結合用機械要素**，軸や歯車などのような，たがいに運動を伝達している**運動伝達用機械要素**，そのほか，後に述べるような，振動・運動などを制御する**制動用機械要素**，さらにこの歯車ポンプのように，液体・気体を輸送する**流体輸送用機械要素**などに分類することができる．

1·3 日本産業規格

各種の機械に共通に使われている機械要素や，大量に利用されている機械部品などは，その種類，形状，材質，その他について，世界各国で国家が一定の標準を定めている．これが国家規格といわれるものであって，機械だけではなく，広く工業製品全般について規定されている．

この規定は，生産能率を向上させ，製作費を安くし，品質を向上させるとともに，この規格にしたがってつくられたものであれば，どこの企業の製品でも使うことができるという性質，すなわち，互換性を増大させて，使用上の便利をはかることを目的として定められたものである．

わが国では**日本産業規格**（Japanese Industrial Standard：**JIS**）という統一された国家規格が定められていて，現在これが一般に使用されている．

この日本産業規格の規定に合格した製品には，それを証明するために，図**1·8**に示すようなJISマークをつけて表示するようにしている．2004年の工業標準化法の改正によりJISマーク制度が変わった．これにともないJISマークも新しいデザインに変更された．(**a**)が変更前で，(**b**)が変更後である．

（**a**） 変更前

（**b**） 変更後

図 1·8 JIS マーク

JISの規格は，表**1·1**に示すように，工業部門別に，A，B，Cなどの部門記号を定め，規格の種類別に分類番号を設けてある．

表 1·1 日本産業規格の分類

部門記号	部門名	部門記号	部門名
A	土木及び建築	M	鉱山
B	一般機械	P	パルプ及び紙
C	電子機器及び電気機械	Q	管理システム
D	自動車	R	窯業
E	鉄道	S	日用品
F	船舶	T	医療安全用具
G	鉄鋼	W	航空
H	非鉄金属	X	情報処理
K	化学	Y	サービス
L	繊維	Z	その他

JIS規格の表示には，まずこの部門記号をあげ，次に4桁の数字を付している．数字の初めの2桁は種別を表わし，あとの2桁は原則として決定した順序を示すようになっている．たとえば**JIS B 1101：2017**は一般機械部門（B）中の機械部品類のものであって，規格の名前は，すりわり付き小ねじである．

このような規格は，わが国だけでなく，世界でも多数の国が統一規格を定めているが，国際的に共通した規格を定めるほうが便利である．そこで，国際的に規格を統一することが考えられ，**国際標準化機構**（International Organization for Standardization：**ISO**）が定められた．

1章 練習問題

問題 1·1 機械とはどのようなものか.

問題 1·2 次のうち，機械に属するものはどれか.

① のこぎり ② 時計 ③ 定規 ④ 自動車 ⑤ スマートフォン

問題 1·3 機械要素とはどのようなものか.

問題 1·4 産業規格はなぜ必要か.

問題 1·5 JIS 規格はどのように分類されているか.

2

結合用機械要素

2つ以上の機械部品を結合（締結）して一体にし，相互運動のない1つの部分にするために用いられる機械要素を**結合用機械要素**といい，これには以下に説明するように，ねじ，リベット，キー，コッタ，ピン，その他のものがある．

2·1　ねじ

ねじ（Screw）は，結合用機械要素としてもっとも多く使用され，あらゆる機械・器具，各種の装置，または家庭で日常使われているさまざまな道具にいたるまで，その利用度は限りない．

1.　ねじとはどういうものか

いま，図**2·1**のように，直角三角形（ABC）の紙片を，丸棒の周囲や中空円筒の内面に巻き付けてみる．このとき斜めの線ACは，らせん状の曲線を描く．この曲線を**つる巻き線**（Helix）といい，このつる巻き線にそって，三角形や四角形の断面をもつ溝（または山）を設けたものがねじである．この山を**ねじ山**（Screw thread）といい，この傾斜の角度θをリード角（Lead angle）という．

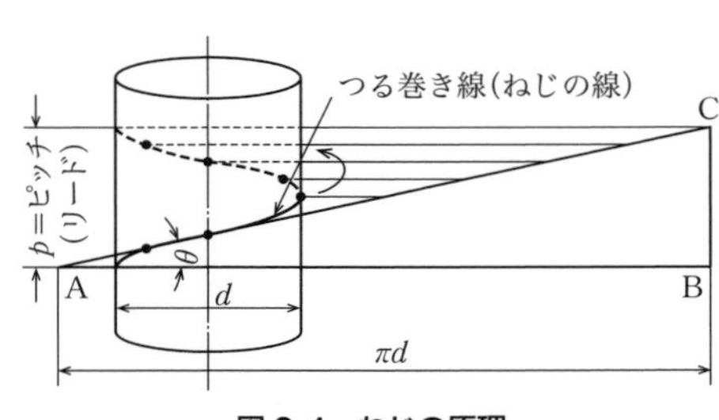

図2·1　ねじの原理

2.　おねじとめねじ

ねじには，おねじとめねじとある．**おねじ**（Male screw）とは，丸棒の外周にねじを切ったもので，**めねじ**（Female screw）とは，丸い穴の内側にねじを切ったものである（図**2·2**）．ねじはふつうこれらのおねじとめねじをたがいにはめ合わせて，1組として用いる．

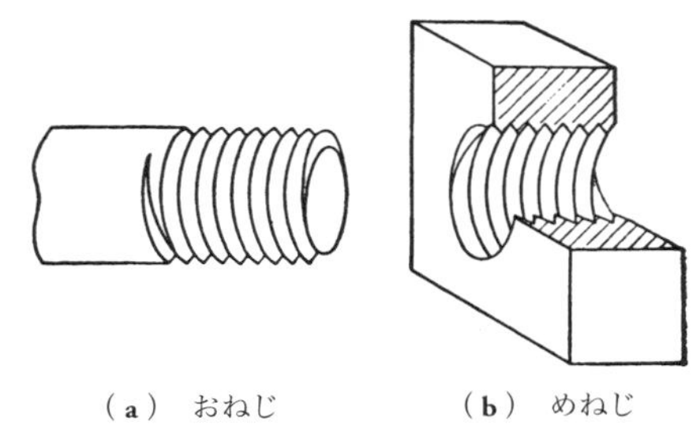

（a）おねじ　（b）めねじ

図2·2　おねじとめねじ

3.　ピッチとリード

図**2·3**において，このねじが1回転すると，軸の方向に山または溝が1つ分の距離だけ進む．この山（または溝）が軸方向に進む長さを**リード**（Lead，進み）という．

このように，1本のつる巻き線でできたねじを**1条ねじ**〔図**2·3**(**a**)〕という．これに対して，2本のつる巻き巻線でできたねじ，すなわち2本の平行なつる巻き線を巻いたものを**2条ねじ**〔同図(**b**)〕という．また3本の平行なつる巻き線でできたものは**3条ねじ**〔同図(**c**)〕である．

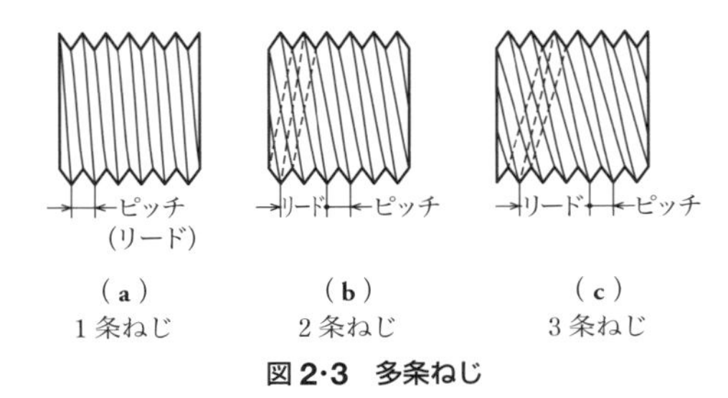

（a）1条ねじ　（b）2条ねじ　（c）3条ねじ

図2·3　多条ねじ

隣り合ったねじ山の，中心から中心までの距離を**ピッチ**（Pitch）という．1条ねじでは，ピッチとリードは等しく（1ピッチが1リード），2条ねじでは，2ピッチが1リードであり，また3条ねじでは3ピッチが1リードである．

一般に，ねじを1回転させたときは，軸方向に1リード進むのであって，1条ねじでは1ピッチ進むが，多条ねじでは1ピッチの条数倍だけ進む．すなわち，2条ねじでは1回転に2ピッチ進み，3条ねじでは1回転に3ピッチ進む．リードをl，ピッチをP，ねじの条数をnとすると，これらの関係は，$l = Pn$となる．

4.　右ねじと左ねじ

図**2·1**に示したように，三角形の紙片を丸棒に巻くと，右上がりのつる巻き線ができる．これにそって切ったねじを**右ねじ**といい，この三角形を左右反対にして巻き付けたと

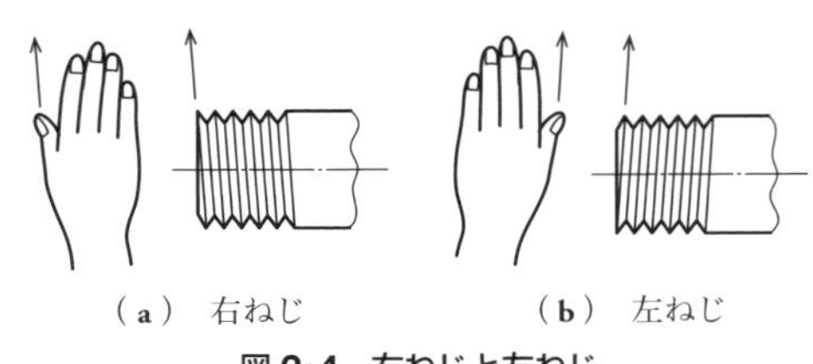

（a）右ねじ　（b）左ねじ

図2·4　右ねじと左ねじ

きにできる左上がりのつる巻き線にそって切ったねじを**左ねじ**という（図**2・4**）.

右ねじは右に回すとねじ込まれるもの，すなわち，ねじ棒の軸方向から見て，時計の針の進む方向にたどれば，その人から遠ざかるようなねじ山をもつねじであり，左ねじは左に回すとねじ込まれるもの，すなわち，ねじ棒の軸方向から見て，時計の針と反対方向にたどれば，その人から遠ざかるようなねじ山をもつねじである.

ねじは一般的に右ねじを使うが，力のかかる方向により，右ねじを用いた場合，使用中に自然にもどる傾向のあるところには，左ねじを用いてゆるむのを防ぐ.

5. ねじ山

ねじを軸の方向にそって半分にたち切ってみると，図**2・5**のように，ねじの山と谷の形が現われる．この山を**ねじ山**（Screw thread）といい，谷の部分をねじの谷という．ねじ山の形には，次のように各種のものがある.

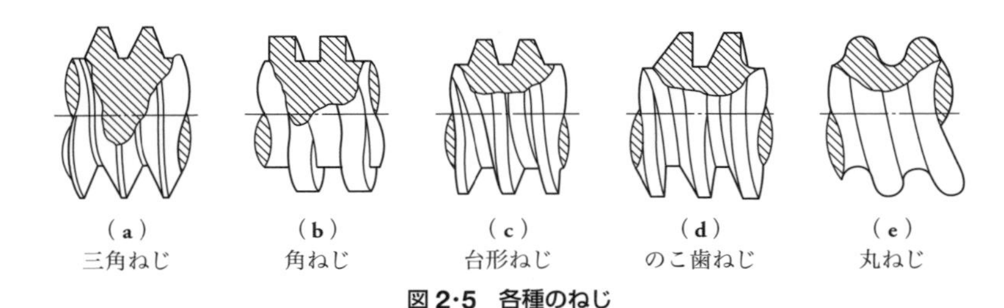

図2・5　各種のねじ

（1）　**三角ねじ**　三角ねじは，ねじ山の断面形が三角形のもので〔図**2・5**(**a**)〕，一般にもっとも多く用いられている．次にあげる角ねじや台形ねじに比べると，もどりにくいので，おもに締め付け用として用いられる．これはねじ山の角度が60°のものと55°のものとがある.

（2）　**角ねじ**　角ねじは，山の断面形が四角形のねじで〔同図(**b**)〕，摩擦抵抗が小さい．これは加工物を型に押しつけて加工するプレス機械（図**2・6**）の圧力伝達用ねじのように，むだなく動力を伝達する必要のあるねじや，加工物をしっかり固定するのに用いる万力用ねじなどに用いられる.

図2・6　角ねじ使用例

（3）　**台形ねじ**　台形ねじは，断面が台形のねじで〔図**2・5**(**c**)〕，金属材料を刃物で削るときに用いる旋盤の親ねじ（ねじを切るための刃物の送りに使われるねじ）のような（図 2·7），とくに力のかかるところの運動伝達用として用いられる．

（4） **管用ねじ** 管（くだ）用ねじは，主として，ガス管などに用いられ，ねじ山を結んだ線がねじ軸線に平行な平行ねじと，ねじ山を結んだ線がねじ軸線に平行でないテーパねじとがある．気密を充分に保つには，テーパねじを用いるほうがしっかり締まるのでよい．

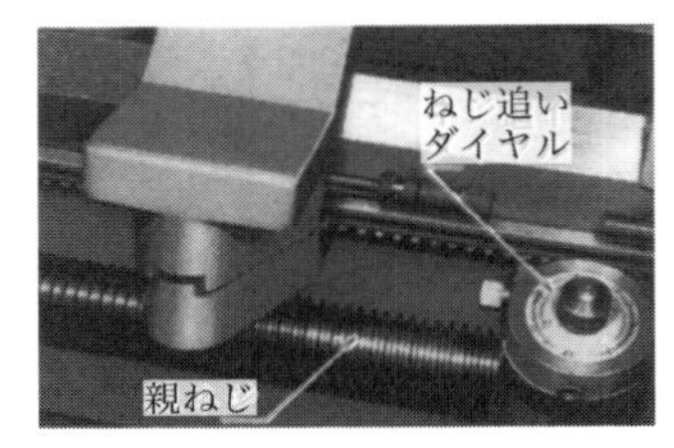

図 2·7 台形ねじ使用例
（旋盤の親ねじ）

6. ねじ山の規格

ねじは用途が広く，ほとんどすべての機械に用いられているので，寸法や形状がさまざまであると，部品交換・修理・製作など，取り扱い上，非常に不便である．したがって，規格の統一が必要であって，世界各国でもそれぞれ一定の規格が実施されており，世界的にも統一されようとしている．

ねじ山の断面が正三角形に近い三角ねじを用いることが多く，一般に広く使われる**メートルねじ**（Metric screw threads）や航空機，そのほか限られたものに使われている**ユニファイねじ**（Unified screw threads）などがある．

日本では，規格の制定にあたって，メートル並目ねじ（1997 年に **JIS B 0205**）およびメートル細目ねじ（1982 年に **JIS B 0207**）が規格の分割・統合により廃止され，2001 年に **JIS B 0205** を次の 4 部に置き換えられている．制定に当たっては，日本産業規格と国際規格との対比，国際規格に一致した日本産業規格の作成および日本産業規格を基礎にした国際規格原案の提案を容易にするために，**ISO 61-1**（1998）を基礎として用いた．

JIS B 0205-1　一般用メートルねじ ― 第 **1** 部：基準山形
JIS B 0205-2　一般用メートルねじ ― 第 **2** 部：全体系
JIS B 0205-3　一般用メートルねじ ― 第 **3** 部：ねじ部品用に選択したサイズ
JIS B 0205-4　一般用メートルねじ ― 第 **4** 部：基準寸法
JIS B 0209-1　一般用メートルねじ ― 公差 ― 第 **1** 部：原則及び基礎データ

並目（coarse）および細目（fine）という用語は，従来の慣例にしたがうために使用している．しかし，これらの用語から，品質の概念を連想してはならない．並目（coarse）ピッチが，実際に流通している最大のメートル系ピッチであることを

表 2·1　一般用メートルねじ“並目”の基準寸法とピッチの選択（JIS B 0205-1 ～ 4：2001）

（単位 mm）

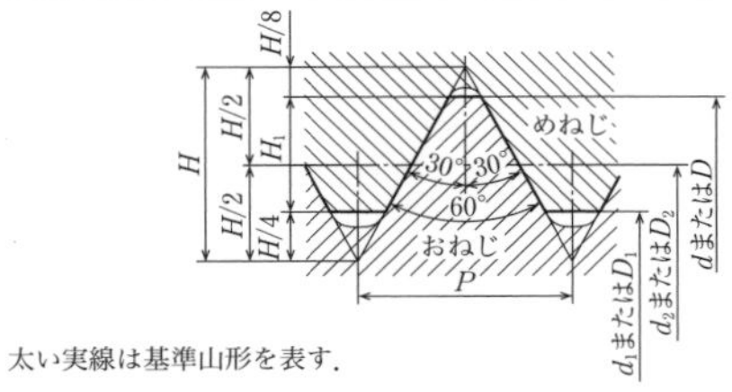

太い実線は基準山形を表す．

$$H = 0.866025P$$
$$H_1 = 0.541266P$$
$$d_2 = d - 0.649519P$$
$$d_1 = d - 1.082532P$$
$$D = d,\ D = d_2,\ D_1 = d_1$$

ねじの呼び	順位 [1]	ピッチ [2] P	ひっかかりの高さ H_1	めねじ 谷の径 D	めねじ 有効径 D_2	めねじ 内径 D_1
				おねじ 外径 d	おねじ 有効径 d_2	おねじ 谷の径 d_1
M 1	1	**0.25**	0.135	1.000	0.838	0.729
M 1.1	2	0.25	0.135	1.100	0.938	0.829
M 1.2	1	**0.25**	0.135	1.200	1.038	0.929
M 1.4	2	**0.30**	0.162	1.400	1.205	1.075
M 1.6	1	**0.35**	0.189	1.600	1.373	1.221
M 1.8	2	**0.35**	0.189	1.800	1.573	1.421
M 2	1	**0.40**	0.217	2.000	1.740	1.567
M 2.2	2	**0.45**	0.244	2.200	1.908	1.713
M 2.5	1	**0.45**	0.244	2.500	2.208	2.013
M 3×0.5	1	**0.50**	0.271	3.000	2.675	2.459
M 3.5	2	**0.60**	0.325	3.500	3.110	2.850
M 4×0.7	1	**0.70**	0.379	4.000	3.545	3.242
M 4.5	2	**0.75**	0.406	4.500	4.013	3.688
M 5×0.8	1	**0.80**	0.433	5.000	4.480	4.134
M 6	1	**1.00**	0.541	6.000	5.350	4.917
M 7	2	**1.00**	0.541	7.000	6.350	5.917
M 8	1	**1.25**	0.677	8.000	7.188	6.647
M 9	3	**1.25**	0.677	9.000	8.188	7.647
M 10	1	**1.50**	0.812	10.000	9.026	8.376
M 11	3	**1.50**	0.812	11.000	10.026	9.376
M 12	1	**1.75**	0.947	12.000	10.863	10.106
M 14	2	**2.00**	1.083	14.000	12.701	11.835
M 16	1	**2.00**	1.083	16.000	14.701	13.835
M 18	2	**2.50**	1.353	18.000	16.376	15.294
M 20	1	**2.50**	1.353	20.000	18.376	17.294
M 22	2	**2.50**	1.353	22.000	20.376	19.294
M 24	1	**3.00**	1.624	24.000	22.051	20.752
M 27	2	**3.00**	1.624	27.000	25.051	23.752
M 30	1	**3.50**	1.894	30.000	27.727	26.211
M 33	2	**3.50**	1.894	33.000	30.727	29.211
M 36	1	**4.00**	2.165	36.000	33.402	31.670
M 39	2	**4.00**	2.165	39.000	36.402	34.670
M 42	1	**4.50**	2.436	42.000	39.077	37.129
M 45	2	**4.50**	2.436	45.000	42.077	40.129
M 48	1	**5.00**	2.706	48.000	44.752	42.587
M 52	2	**5.00**	2.706	52.000	48.752	46.587
M 56	1	**5.50**	2.977	56.000	52.428	50.046
M 60	2	**5.50**	2.977	60.000	56.428	54.046
M 64	1	**6.00**	3.248	64.000	60.103	57.505
M 68	2	**6.00**	3.248	68.000	64.103	61.505

〔**注**〕 (1) 順位は 1 を優先的に，必要に応じて 2，3 の順に選ぶ．
なお，順位 1，2，3 は，**ISO 261** に規定されている ISO メートルねじの呼び径の選択基準に一致している．

(2) 太字のピッチは，呼び径 1 ～ 64 mm の範囲において，ねじ部品用として選択したサイズで，一般の工業用として推奨する．

理解しなければならない．

選ばれた呼び径（または呼び径の範囲）に対しては，これと同じ行（または複数行）に示されているピッチのうちの1つを選ぶ．表**2･1**に示すピッチより小さいピッチを必要とする場合は，次のピッチの中から選ぶ．

3 mm，2 mm，1.5 mm，1 mm，0.75 mm，0.5 m，0.35 mm，0.25 mm，0.2 mm.

このようなピッチを選ぶ場合，呼び径がピッチのわりには大きくなるにしたがって，公差にしたがう困難さが増えるという事実を考慮する．表**2･1**に示すものより大きい呼び径には，一般に，指示したピッチを用いないのがよい．図**2･8**には，メートル並目ねじの山形を示す．

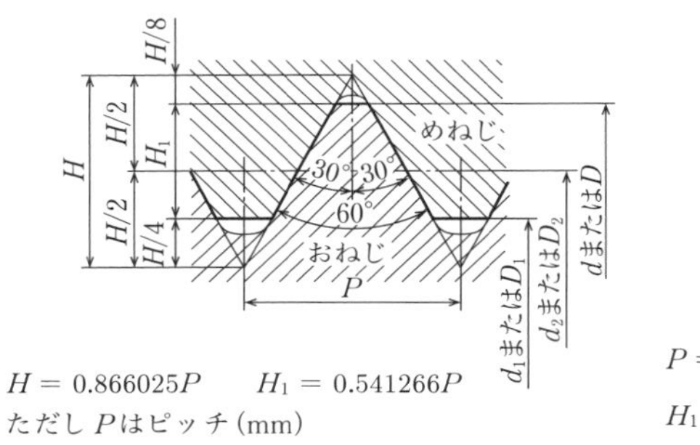

図 2･8　メートル並目ねじの山形

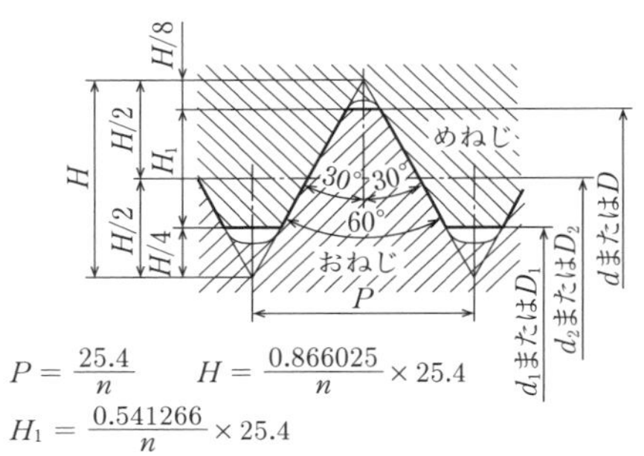

図 2･9　ユニファイ並目ねじの山形

ユニファイ並目ねじ（Unified coarse screw threads）（**JIS B 0206：1973**）は，アメリカ，イギリス，カナダの間で協定統一されたねじであって，寸法はインチ式のものをメートル式に換算したものである（図**2･9**）．山の角度はメートル式のように60°のになっていてメートル式に似ている．

上記のほか，管用ねじ，電線管ねじ，自転車ねじ，台形ねじなどが，それぞれJISに規定されている．

7.　ねじの用途

ねじは，次のような各種の用途に使われる．

（1）　**固定用**　ボルトとナットは，ねじを固定用として利用したもので，これらによって2つ以上の部分を結合して一体とする（図**2･10**）．

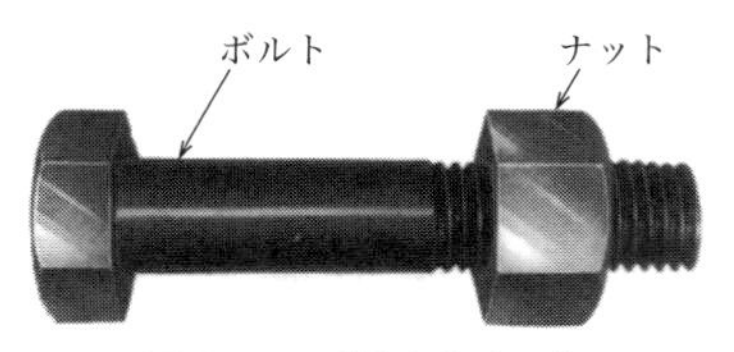

図 2･10　ボルトとナット

（2） **運動伝達用**　軸の回転運動を，その軸方向の直線運動に変えて伝達する場合にもねじが用いられる．たとえば，旋盤の親ねじ，ジャッキ，万力（図 **2·11**）などに用いられている．

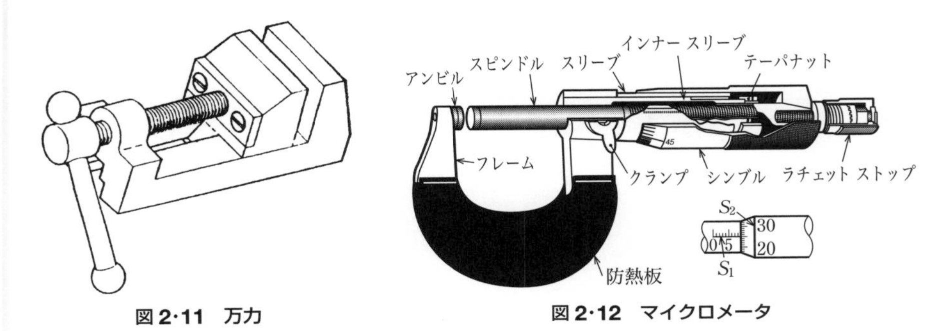

図 2·11　万力

図 2·12　マイクロメータ

（3） **測定用**　ねじを１回転させると，正確に１リード進む性質を利用して，精密な寸法測定ができる．マイクロメータ（図 **2·12**）はその１例である．

その他，気体や液体の漏れを防ぐための気密用や，取り付けた品物相互の位置の調整用にもねじが用いられる．

2·2　ねじ部品

固定用のねじ部品として**ボルト**（Bolt）と**ナット**（Nut）が用いられる．ボルトは丸棒材料の外周におねじを切った結合用部品である．ナットはこのボルトにはめるもので，穴の内周にめねじを切った部品である．

1.　ボルト

ボルトの頭の形は六角形が多く用いられる．四角形のものや円形のものもあり，そのほか特殊な形のものもある．ボルトは，使用か所によって，次のようなものがある．

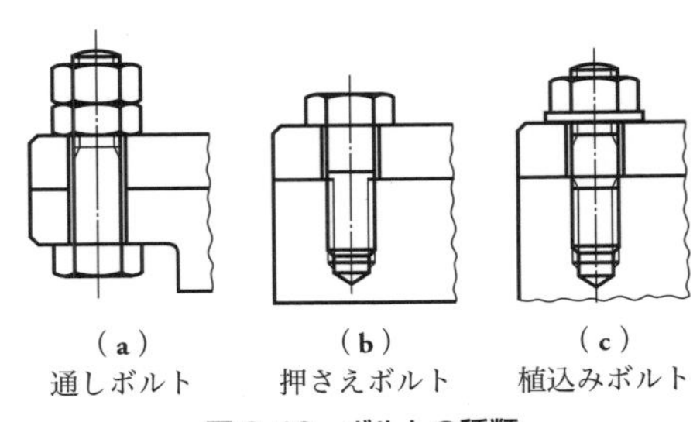

図 2·13　ボルトの種類

（1） **通しボルト**（Through bolt）　図 **2·13**（a）に示すように，通しボ

ルトは頭のあるボルトで，締め付ける両方の部品にそれぞれ通し穴をあけて，ここにボルトをさし込み，頭のないほうの端にナットをはめて締め付けるものである．

（2） **押さえボルト**（Tap bolt） 形状は，通しボルトとまったく同一である〔同図（b）〕が，使用する場合は，一方の部品に穴をあけ，他の部品の穴にはめねじを切っておき，一方の穴を通して他方のめねじにねじ込んで締め付けるものである．

（3） **植込みボルト**（Stud bolt） 頭のない丸棒材料の両端にねじを切ったもので，一端を一方の部品に切っためねじにかたく植え込んでおき，他の部品に穴をあけて，これにボルトを通して，他端のねじを切った部分にナットをはめて締め付けるものである〔同図（c）〕．植込み部の深さは，鋳鉄では直径の1.5～2倍，軽金属では2.5～3倍，青銅では1～1.5倍程度である．

（4） **小ねじ**（Machine screw） 頭部に溝を設けた小型のねじで，この溝にねじ回しの先端をさし込んで締め付ける．頭の形は図**2･14**に示すように各種のものがある．溝にはマイナス形とプラス形または十字形とがあり，ねじ回しは，それぞれマイナス用とプラス用と別個のものを使用する．

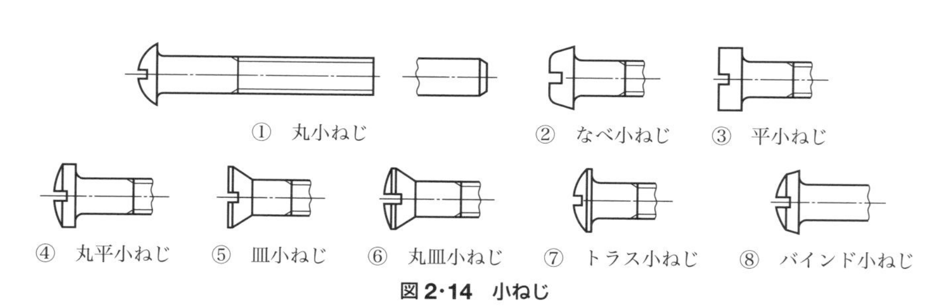

図2･14 小ねじ

（5） **止めねじ**（Set screw） 軸にはめ込んだ部品を軸にとめるような場合に用いるもので，先端の形には，平状，とがり状，棒状，輪状などがある（図**2･15**）．

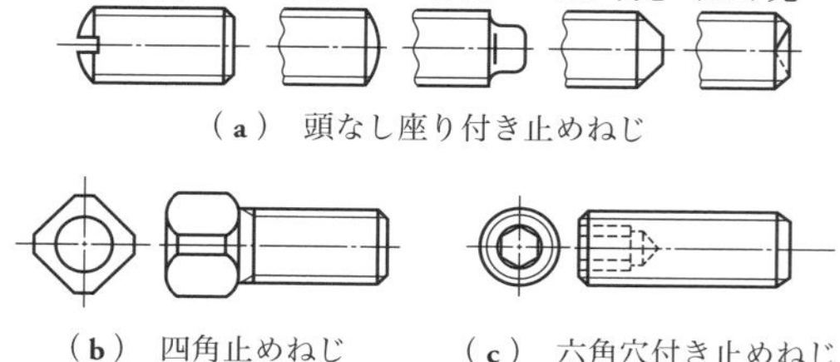

図2･15 止めねじ

小型のものであるから，大きな荷重のかかるようなところには用いない．一般的に頭部に溝が切ってあって，ねじ回しで締め付けるが，頭部をつくらずに，一端に溝だけを切ったものや，六角穴付きのもの，溝のない四角あるいは六角の頭部をもったもの，丸い頭の周囲にローレットを切った（ギザギザの刻み目をつけた）ものなどがある．

（6） **タッピンねじ**（Tapping screw） 締め付ける部品には下穴だけをあけておいて，これにねじを切り込みながらねじ込むもので（図 **2·16**），薄い板を数枚締め付けるような場合には，テーパねじにしている．

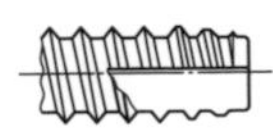

（a） 溝先（先端を 1/4 カット）

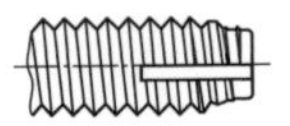

（b） 溝先（先端に溝）

図 2·16 タッピンねじ

（7） **木ねじ**（Wood screw：もくねじ） 木材に直接ねじ込むねじで，軸方向にテーパを付けてねじ山の先を鋭くし，木材を切りながらねじ込むものである．頭部の形には図 **2·17** に示すような各種のものがあり，これにねじ回しをさし込む溝が切ってある．

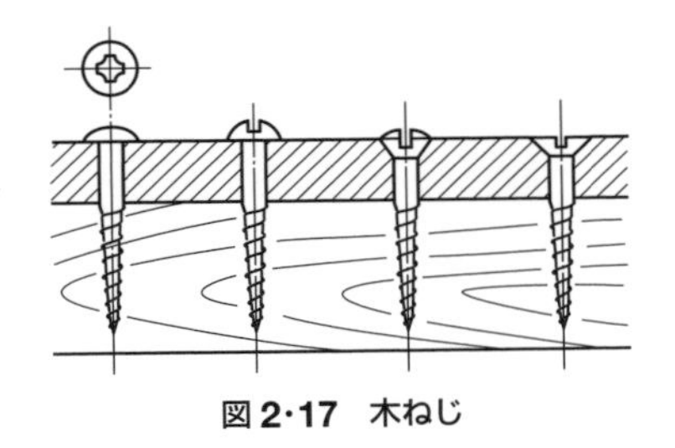

図 2·17 木ねじ

（8） **ボールねじ** おねじとめねじの間に鋼球（こま）を入れたもので，摩擦が少ないから，ナットを直進させてボルトを回転させることもできる（図 **2·18**）．

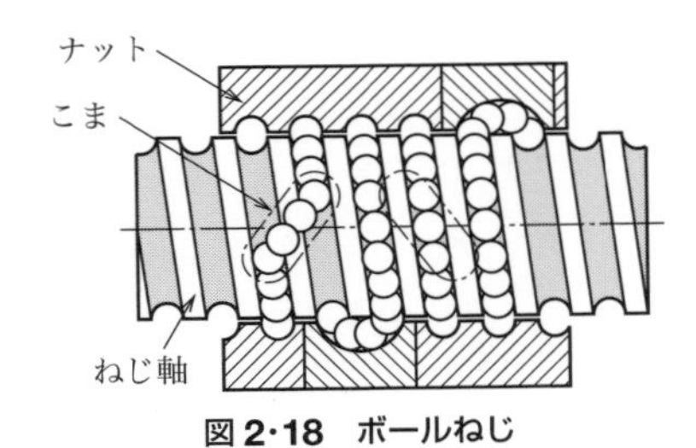

図 2·18 ボールねじ

（9） **アイボルト**（Eye bolt） 吊りボルトともいわれるもので，機械等重量物を吊り上げるときに用いられる（図 **2·19**）．

（10） **控えボルト**（Stay bolt） 部品と部品の間隔を一定に保つようにする場合に用いられるボルトである．形状には図 **2·20** に示すように，間に隔て管を入れたり〔同図（**a**）〕，ナットを使って間隔調整をするもの〔同図（**b**）〕がある．

（11） **特殊な形のボルト** 使用目的によって各種の形の変わったボルトが用いられることがある．図 **2·21** は，その数種を示したものである．

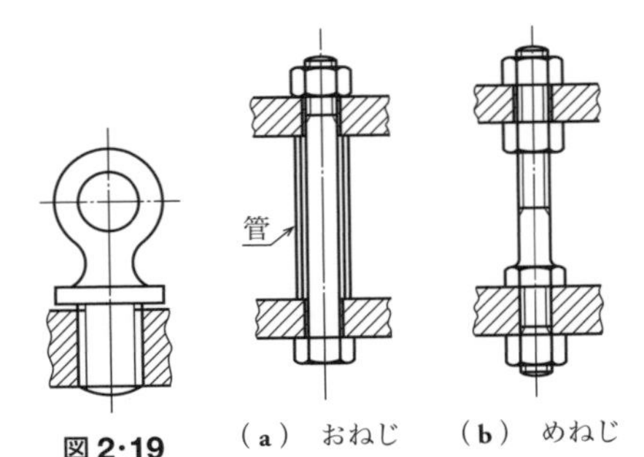

図 2·19 アイボルト

（a） おねじ （b） めねじ

図 2·20 控えボルト

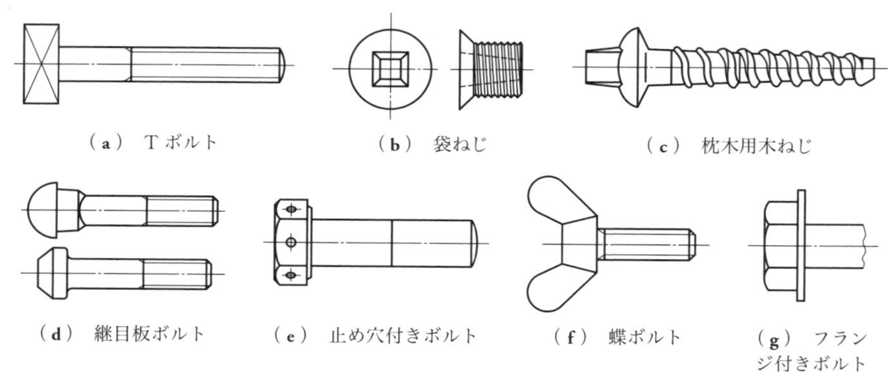

図 2·21　特殊ボルト

2. ナット

ナット（Nut）には，形状によって次のような各種のものがある（図 **2·22**）.

（**1**）　**六角ナット**　六角ナットは，通しボルトの頭と同じ外形の正六角形のナットで，もっとも多く用いられている〔同図(**a**)〕.

（**2**）　**四角ナット**　これは，外形が四角で，小さいねじにおもに用いられている〔同図(**b**)〕.

（**3**）　**丸ナット**　丸ナットは，外形の丸いナットで，外周や上面に溝をつけたり穴をあけたりして，これに締め付け工具が引っかかるようにしてある．また外周に**ローレット**（Knurling）加工を切って，手で回せるようにしたものもある〔同図(**c**)〕.

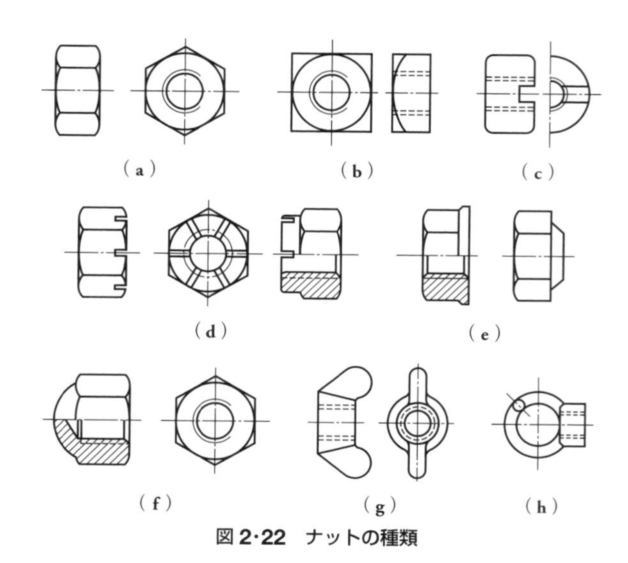

図 2·22　ナットの種類

（**4**）　**フランジナット**　これは，ナットの下部に，ナットと一体に座をつけたナットで，つば付きナットともいい，これを用いると締め付けの力を大きくすることができる〔同図(e)〕.

(5) **球面座付きナット** これは，下面を球面にし，これに接する部品の部分も球面にして，中心を合わせやすくしたものである.

(6) **袋ナット** ねじ穴が突き抜けないで，ナットが袋のようになっているのが袋ナットで，水や油などが漏れたり，浸入したりするのを防ぐのに用いる〔同図(f)〕.

(7) **溝付きナット** これは上部に数本の溝をつけ，ボルトにあけてある穴に合わせてピンをさし込み，戻りを止めるものである〔同図(d)〕.

(8) **つまみナット** これは指で回して締め付けることができるように，外形が特殊な形状になっているものである.

(9) **蝶ナット** これはつまみナットの一種で，回しやすいように蝶形のつまみをつけたものである〔同図(g)〕.

(10) **アイナット** これは頭に輪のついたナットで，重量物を引っ張ったり吊り上げたりするものである〔同図(h)〕.

(11) **ばね板ナット** これはばね鋼の板を打ち抜いてつくったナットで，ねじ山は1山だけであるが，ばねの力で回り止めがなされている.

3. ねじの締め付け

ボルトとナットで物を締め付ける力は，ねじ山の摩擦力とナット下面が部品と接している部分の摩擦力による.

ナットを回してボルトを締め付けると，ボルトとナットは軸方向に引き離されようとする力を受ける．この力により，ねじ山の面に摩擦力を生じ，ボルトは固定されるのである．したがって，ねじのリード角が小さいほど，締め付けに際して1回転で軸方向に進む距離は小さいが，小さい力で締め付けることができ，またリード角（斜面に相当する）が小さいため，軸方向にはたらく力に比較してねじ山の面に生ずる摩擦力は大きいので，このようなねじはゆるみにくく，締め付け用のねじに適する.

またこれと反対に，リード角の大きいねじでは，ねじ山の面に生ずる摩擦力が小さいので，締め付け用としては不適当であるが，ねじの1回転で軸方向に進む距離が大きいので，運動伝達用のねじに適する.

ボルトを締め付けるには，このような摩擦力と，ボルトの軸方向の抵抗にうち勝つ力でナットを回さなければならない．図**2·23**のように，ナットを回すスパナの柄が長いほど，回す力が小さくても，ナットの部分に大きな力がかかる．同じ力を加えても，柄が短かいと，充分に締め付けることができないが，長いと大きな力がかかってねじを切るおそれがある．ねじを締め付けすぎると，ねじが引っ張られて切れるか，ねじ切れとなる．場合によっては，ねじ山が谷部から取れてしまうことがある．

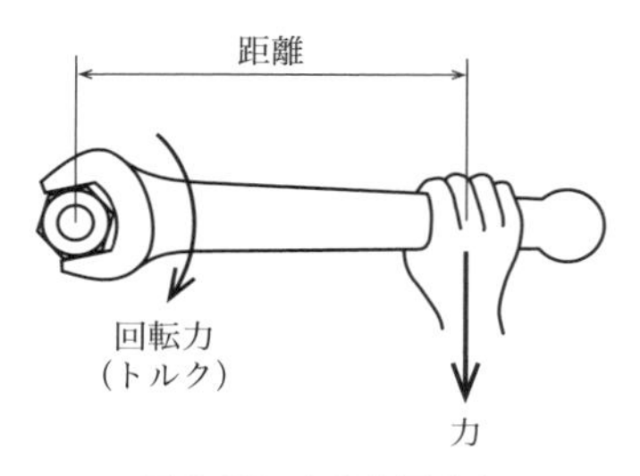

図 2·23　ねじを回す力

4. ナットの固定法

ボルトとナットで固定するとき，ねじのつる巻き角が小さく，ボルトとナットがよく合っていても，高速で運動している機械などに用いた場合では，振動を受けたりして，ナットがだんだんゆるんで，はずれてしまうことがある．これを防ぐために，次のような各種の方法が行なわれている．

（1） **ロックナットを用いる方法**　ナットを固定するとき，2つのナットを重ねて用いる方法がある．このときの下のほうのナットをロックナットという．これはあまり力を受けないので，薄くしてある場合が多い．これを締め付けるには，まず下のほうのロックナットを締め付けてから上のナットを締め付け，次にロックナットをわずかにねじ戻すように回すと同時に，上のナットを強く締め付ける．

このようにして締め付けると，図**2·24**に示すように，上のナットはボルトを上のほうに引き，下のナットはボルトを下のほうに引くので，振動があってもおどり上がるようなことがなく，摩擦力も大きくなり，戻りにくいのである．

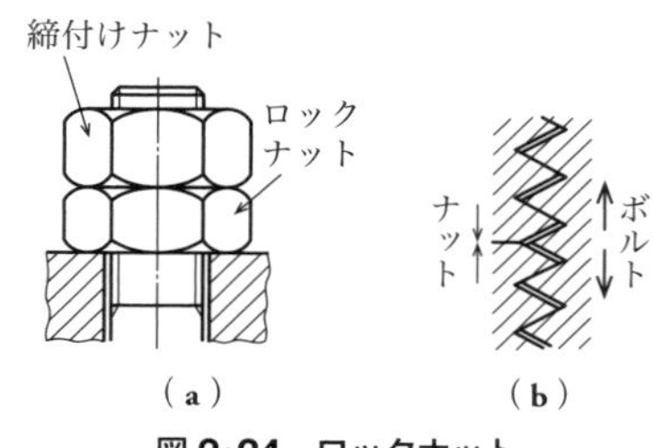

図 2·24　ロックナット

（2） **ピンを用いる方法**　ボルトやナットに，ピン（割りピンが多く用いられている）を通してゆるみを止める方法で，ピンが破損・脱出しない限り，もっとも確実な方法である．

図**2·25**(**a**)は，ボルトに穴をあけておき，これにピンをさし込む方法を示したものであり，同図(**b**)は溝付きナットを用い，ボルトの穴とナットの溝にピンを通

す方法を示したものである．

（3） **座金を用いる方法** 座金には図 2·26 に示すように各種の形のものがある．

同図（a）に示した平座金は，ナットの下面に接する部品の面が平らでなかったり，部品の穴が大きくて，ナットの接触面が小さい場合，あるいは，部品が木のようにやわらかいものであったりするときに，ナットの下面によく密着させるために用いられるものである．平座金は摩擦面が大きくなるため，ゆるみ止めのはたらきをも果たしている．

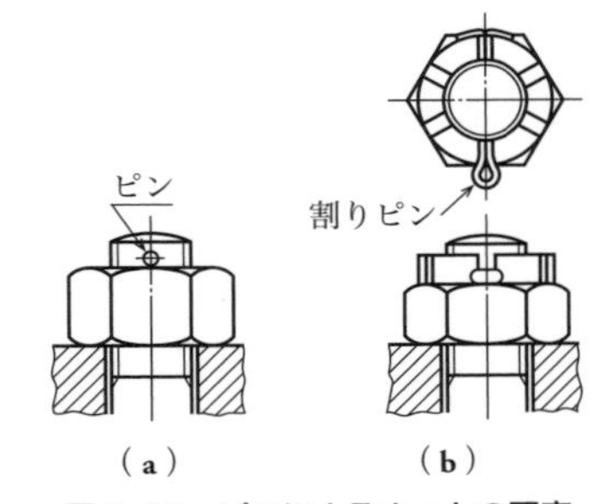

図 2·25 ピンによるナットの固定

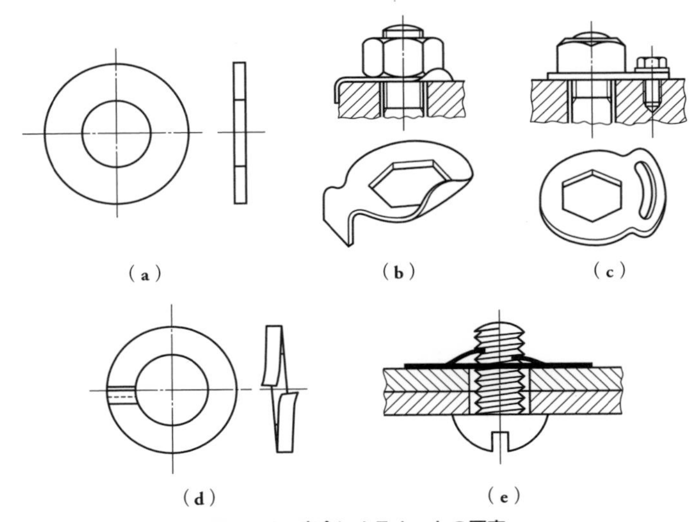

図 2·26 座金によるナットの固定

同図（b）は，舌付き座金を示したもので，これは座金の舌の部分を折り曲げて，回り止めにするものである．

同図（c）は，止め板を用いたもので，これをナットの外周にはめて，一部を部品にねじ止めしたものである．

同図（d）は，弾力のあるばね座金をナットの下に入れ，ナットを弾力で押し上げて戻りを止めるものである．

同図（e）は，ばね板ナットで，スピードナットともいい，ばね板でナットをつくったものであり，ばね座金とナットを兼用したようなものである．

（4） **小ねじによる方法** これは小さい止めねじをナットまたはナットとボルトの間にねじ込んで固定する方法である．

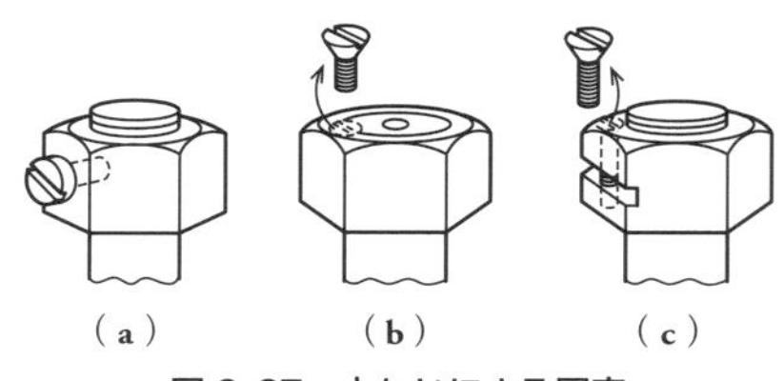

図 2·27 小ねじによる固定

図 **2·27**（a）は，ナットの側面から止めねじをさし込み，先端でボルトを押して，ねじのゆるむのを圧力によって防ぐものである．同図（b）は，ボルトとナットの接触面に軸方向に小ねじをねじ込むものであり，同図（c）は，ナットの一部に割れ目を設け，これを小ねじで締め付けて，ねじの戻りを止めるものである．

以上のほか，ナットの固定法には図 **2·28** に示すような方法がある．同図（a）は，数個のボルトの穴に針金を通してしばり，回り止めするもので，図（b）は，ねじ頭の角をポンチ（目印をつける工具）で打って，かしめて止める方法である．

（a） 針金で固定

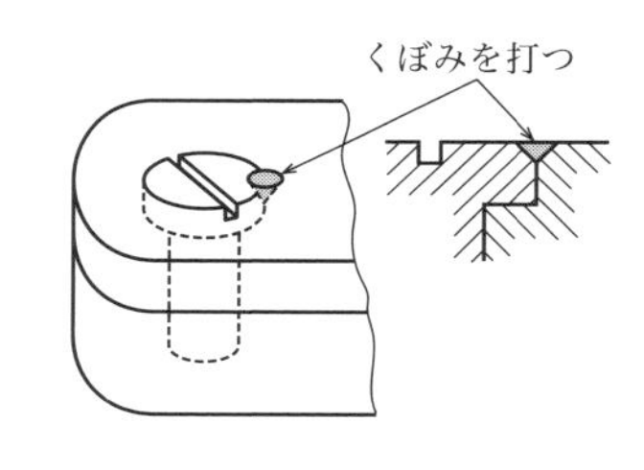

（b） かしめて固定

図 2·28 ねじのゆるみ止めの方法

5. ねじ部品の図面の描き方

ねじ部品の正確な投影図を描くときは，非常に複雑な曲線を使わなければならない．ところが，ねじ部品を投影図で描き表わす必要はあまりないので，ほとんど略画法が用いられている．JIS では，ねじ部品の図面の描き方を，次のように定めている（**JIS B 0002-1～3** 製図 — ねじ及びねじ部品）．

ねじは，図 **2·29** に示すように，ねじの山頂（おねじの外径またはめねじの内径）の円筒を示す線を太い実線で表わし，谷底を表わす円筒の線を細い実線で表わす．ねじの切り終わりの不完全ねじ部の谷底は，細い斜め（中心線と 30°の角度）の実

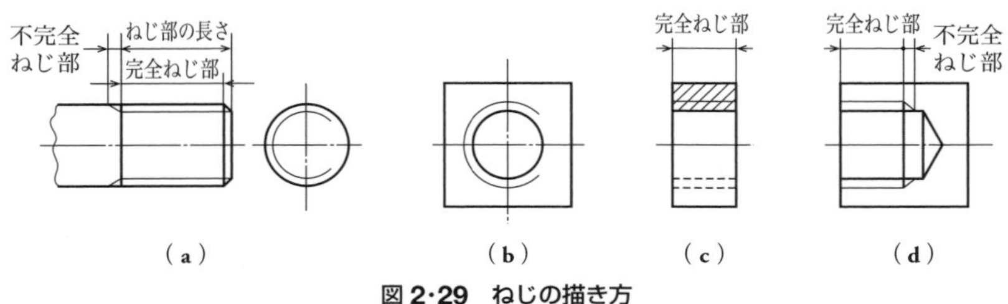

図 2·29　ねじの描き方

線で表わす．見えない部分のねじ部を表わすには，両線とも破線を用いる．

ねじの種類・寸法などを表示するには，おねじの山頂またはめねじの谷底を表わす線から引出線を出し，その端部に水平線を設けて，その上にねじ山の巻き方向，ねじ山の条数，ねじの呼び，ねじの等級やその他，必要な要目を記入する（図**2·30**参照）．

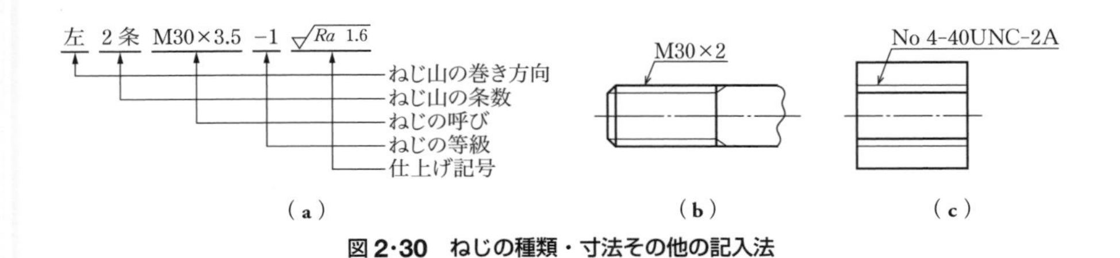

図 2·30　ねじの種類・寸法その他の記入法

表 2·2　ねじの種類を表す記号およびねじの呼びの表し方の例（JIS B 0123：1999）

区　分	ねじの種類		ねじの種類を表す記号	ねじの呼びの表し方の例	引用規格
ピッチを mm で表すねじ	一般用メートルねじ	並目	M	M 10	**JIS B 0209-1**
		細目		M 10×1	**JIS B 0209-1**
	ミニチュアねじ		S	S 0.5	**JIS B 0201**
	メートル台形ねじ		Tr	Tr 12×2	**JIS B 0216**
ピッチを山数で表すねじ	管用テーパねじ	テーパおねじ	R	R 3/4	**JIS B 0203**
		テーパめねじ	Rc	Rc 3/4	
		平行めねじ	Rp	Rp 3/4	
	管用平行ねじ		G	G 5/8	**JIS B 0202**
	ユニファイ並目ねじ		UNC *1	1/2-13 UNC	**JIS B 0206**
	ユニファイ細目ねじ		UNF *2	No. 6-40 UNF	**JIS B 0208**

〔**注**〕 *1 UNC…unified national coarse の略.　 *2 UNF…unified national fine の略.

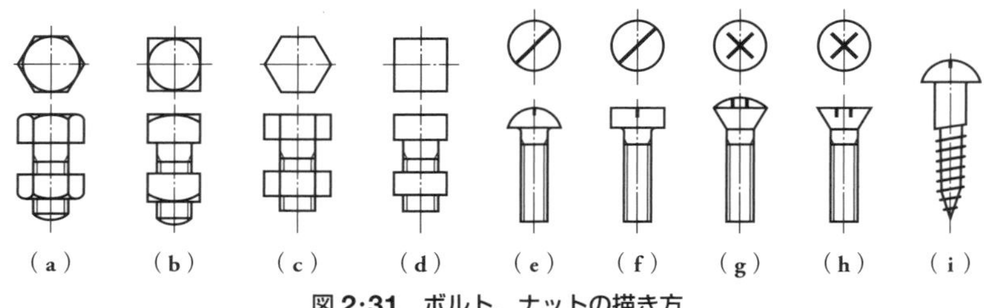

図2·31 ボルト，ナットの描き方

ただし，ねじ山の巻き方向は，左ねじの場合だけ記入し，ねじ山の条数については，多条ねじのときだけ記入する．なお，ねじの等級，仕上げ記号は，必要がない場合は省略してもよい．

ボルト，ナット，小ねじ，木ねじなどは，図**2·31**のような略図を用いる．図中(**c**)～(**h**)に示すような簡略な図では，不完全ねじ部を省略する．同図(**c**)，(**d**)のような画法は，おもに組み立て図の場合に用いられる．

6. ねじ部品の分解・結合工具と使用法

ねじ部品を締め付けたり，分解したりするには，一般にスパナ（Spanner または レンチ Wrench ともいう）とねじ回し（ドライバー：Screw driver）を用いる．図**2·32**は，これらを示したものである．

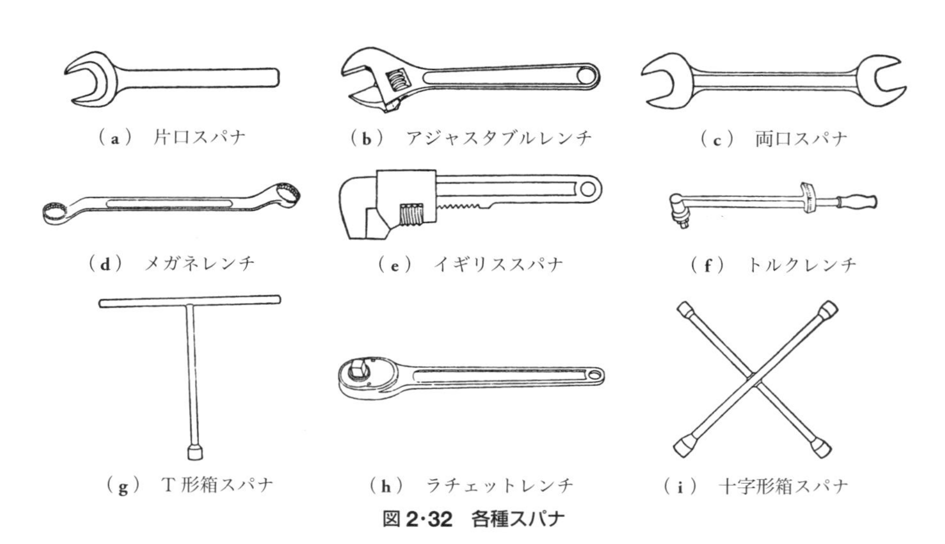

図2·32 各種スパナ

7. ねじの分解・結合上の注意

スパナは，頭部の寸法がボルトの頭やナットの外側の寸法と正しく合ったものを用いて，ボルトやナットをしっかり挟む．また，自在スパナの類は，口の開きの寸法をよく合わさなければならない．

スパナの口の寸法が合わなかったり，ボルトやナットを正しく挟まなかったりすると，ねじ部品の頭を破損して，分解・結合が困難となる．

自在スパナは，図**2·33**に示す方向に回す．反対に回すと，スパナを破損するおそれがある．ねじを締め付けるとき，締め方が不充分であっても，締めすぎてもいけない．そのために，重要な締め付け部については，締め付けの強さを規定している場合がある．このようなときは，トルクレンチを使用して規定通りの強さに締め付ける．

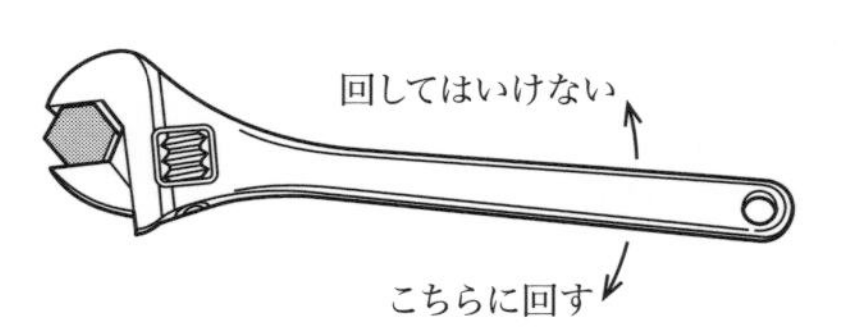

図 2·33　自在スパナを回す方向

スパナの柄は，ボルトの大きさに適合した強さで締めることができるような長さに決められているのであるが，自在スパナは，大小のナットに共用するものであるから，小さいナットを締めるときは，とかく大きな力で締めるおそれがあるので注意しなければならない．

座金や割りピンは忘れやすいものであるから，組み立てや分解の際，忘れたり失ったりしないよう注意を要する．また，溝付き六角ナットでは，割りピンを入れる溝は，図**2·25**(**b**)に示したように60°ごとにあけられているので，締め付けるとき，ボルトとナットの穴を合わせるために，無理に締めすぎないように注意し，合わないときは多少戻すようにする．

同一円周上に数本のねじを並べて締め付けるときは，向かい合っているねじを交互に少しずつ締め付けていき，けっして１本１本全部を締め切ったり，隣り合ったものを順番に締め付けていったりしてはならない．

なぜならば，このようにすると先に締め付けたボルトに大きな力がかかったり，片締めになったりするおそれがあるからである．ゆるめる場合も同様である．また，直線に並んでいるねじを締め付けるときには，中央から両端に向かって少しずつ締め付け，ゆるめるときは，逆の順序にゆるめる（図**2·34**）．

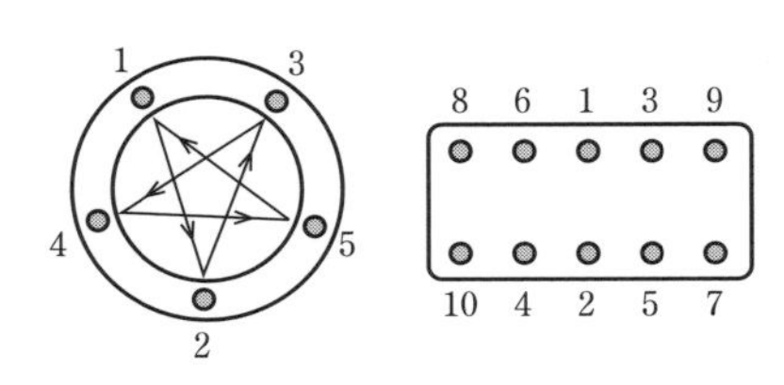

図 2·34　ねじを締め付ける順序

大小のねじで同一部品を締め付けている場合には，小さいねじに大きな力がかからないようにするため，大きいねじから先に締め付ける．ゆるめるときは逆の順序で行なう．

ねじをはずしても部品がくっついていて離れにくいときは，少しずつゆすりながら，場合によっては木づちなどで軽くたたいてはずす．ねじが錆ついているときは，ガソリン・石油などを注いでから，ハンマーで軽くたたいてねじをゆるめればよい．

2･3　キー

円板とか歯車，ベルト車（プーリ），車輪などの部品を軸に結合させるとき，これらの部品に穴をあけて軸をはめ込んだだけでは，その部分の摩擦の力が小さい場合や，摩耗した場合などは，結合がゆるんで軸と部品との間にすべりが起こる．したがって両部品を確実に結合して，回転方向にいっしょに回るようにするために，一般に両者の間に**キー**（Key）をはめ込む（図 **2･35**）．

キーは，一般的に良質で軸材料よりも少し硬い鋼でつくられ，断面が長方形の細長い小さな棒状をした形が広く使われている（図 **2･36** ～図 **2･38**）．

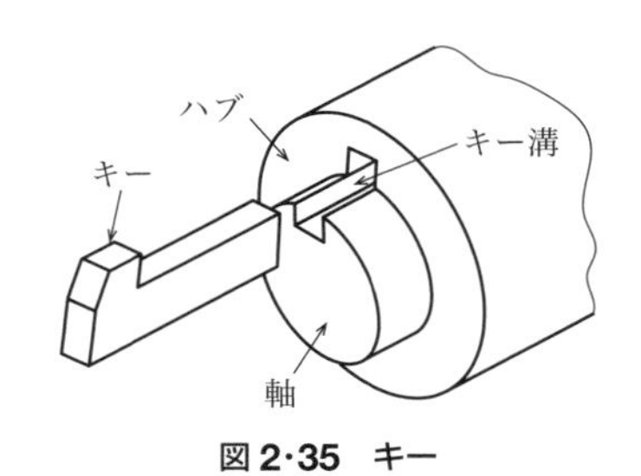

図 2･35　キー

図 **2･35** に示したように，キーは，軸とその相手のハブ（Hub）の両方に溝を切ってはめ込む沈みキーの形式となっている．このキーを用いると確実に固定でき，また簡単に分解することができるので，広く使われている．しかし，軸のもっとも大きな力のかかるところにキー溝をつくるので，軸の強さが減少する不利がある．ときには，円形のキーや特殊の形をしたキーも用いられる．

図 2･36　平行キー

図 2･37　こう配キー

図 2･38　頭付きこう配キー

キーは，一般に平行キー，こう配キー，半月キーの形状のものが使われている．JIS 規格において，平行キーでは，ねじ用穴付き，ねじ用穴なし，こう配キーでは，頭なし，頭付き，半月キーでは，丸底，平底といった 6 種類が定められている．

1. 平行キー

平行キー（Parallel key）はキーの上面・下面が平行で，図 **2·39** に示すように，キーを溝にはめ込んでおいてからハブを軸に通す．すなわち，軸のキー溝に植え込むキーである．キーを軸に固定するため，小さいねじを使用する場合もある．このキーでは，軸とハブの両者が軸線にそって移動することができる．

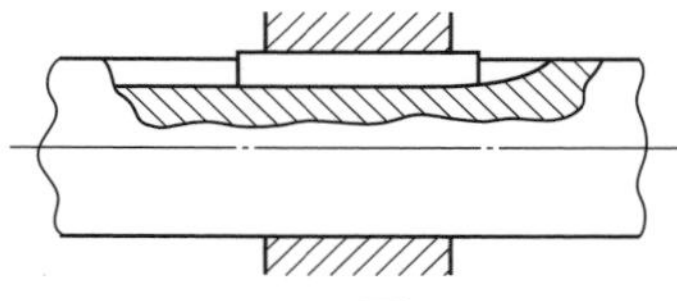

図 2·39　平行キー

2. こう配キー

こう配キー（Taper key）は，軸方向にこう配をつけたものである．図 **2·40** に示すように，軸とハブとをはめ合わせてから打ち込む．なお，図に示した頭付きキー（Gib head key）は，打込みと抜出しが便利なように，キーに頭を付けたもので，場所によっては頭なしのものも使われる．

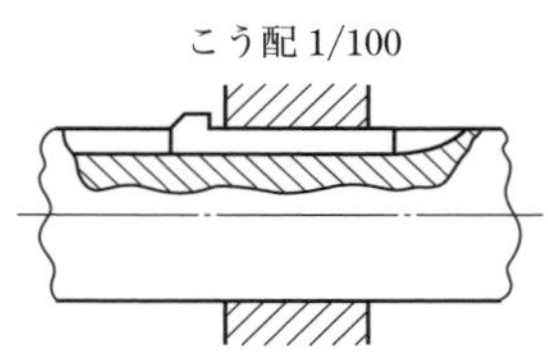

図 2·40　頭付きこう配キー

3. 半月キー

半月キー（Woodruff key）は，図 **2·41** に示すように，断面が長方形で側面が半円形のキーである．ハブのほうのキー溝は，平行キーと同様であるが，軸のほうの溝の底は半月形につくられる．これはフライス盤で簡単に切れること，キー溝のこう配が少し不正確であっても，軸を正確に取り付けられるのが特長である．しかし，軸が弱くなること，着脱がやっかいなことが欠点である．

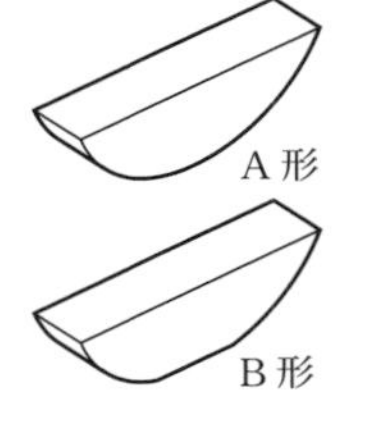

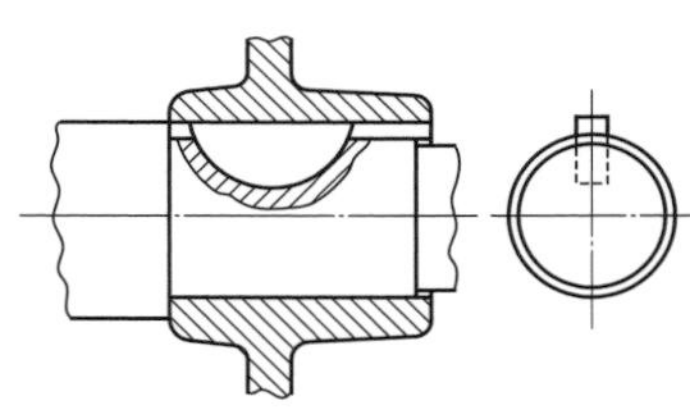

図 2·41　半月キー

4. 平キー

平キー（Flat key：たいらキー）は沈みキーの形をしているが，やや平たい形で，取り付ける軸のほうは溝にせずにキーの幅だけ平らに削り，ハブのほうだけに溝を設けた

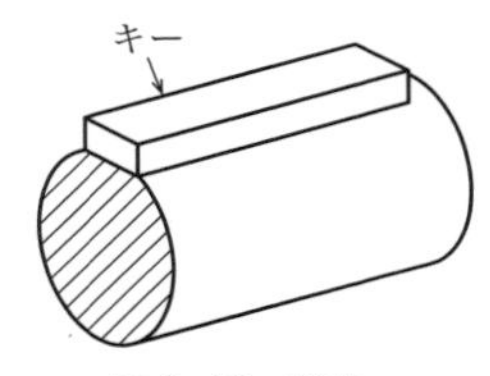

図 2·42　平キー

ものである（図 2·42）．沈みキーの形式のものよりは結合の程度は弱く，比較的軽荷重の場合に用いられるが，軸の強さを弱めることが少ない．

5. 角キー

角キー（Square key）は，図 2·43 に示すように，キーの断面が正方形のものである．大きい荷重の場合に適しているが，キー溝が深くなるという弱点をもっている．

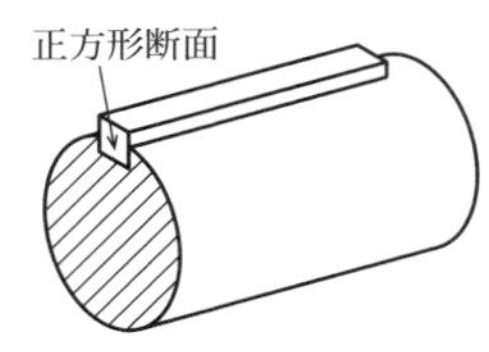

図 2·43　角キー

6. 丸キー

丸キー（Round key または Pin key）は，断面が円形の棒状のキーで，一般的にはテーパがついている（図 2·44）．小さい軸に用いられ，あまり取りはずす必要のないところに使われる．

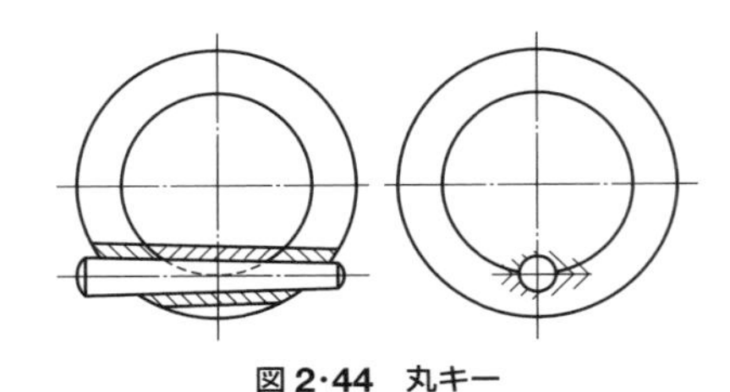

図 2·44　丸キー

7. スプラインとセレーション

スプライン（Spline shaft）は，多数のキーを，軸またはハブの一部分としてこれと一体につくったようなもので，軸には全周に多数の溝を掘り，ボス部はこれにはまるような形状にして，軸をはめ込むものである（図 2·45）．

このようにすれば，軸の強さを減らすことが少ないので，大きな力を伝えるのに適する．溝には各種の形がある．この種のもので細かい歯形断面の山と溝を付けたものを**セレーション**（Serration）といい（図 2·46），この軸をセレーション軸といって，一般によく用いられている．

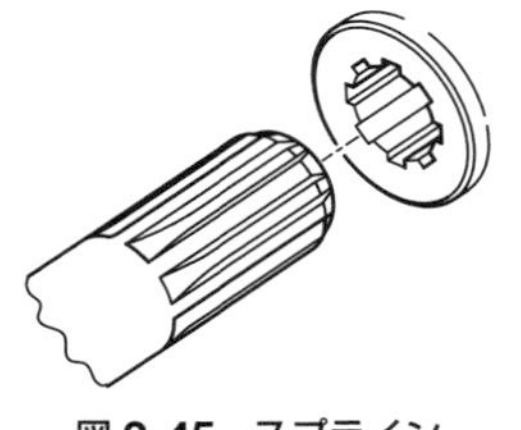

図 2·45　スプライン

図 2·46　セレーション

8. キーの大きさと取付け

キーは，軸の伝える回転力によって軸とハブのところでせん断力および圧縮力を受けるので，この力

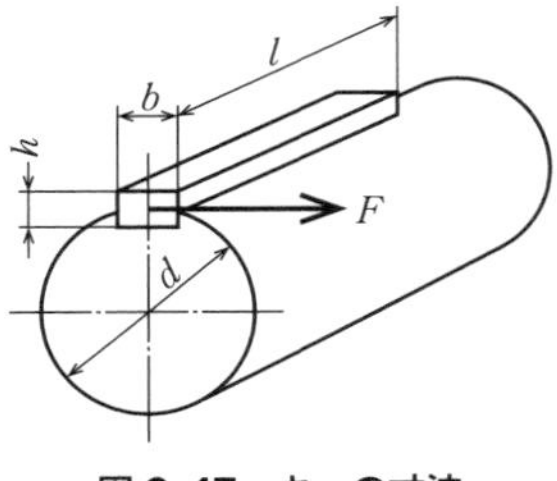

図 2·47　キーの寸法

表 2・3　平行キーの寸法の例（JIS B 1301：1996 より抜粋）（単位 mm）

キーの呼び寸法 $b \times h$	l	適応する軸径 d	キーの呼び寸法 $b \times h$	l	適応する軸径 d
2 × 2	6 ～ 20	6 ～ 8	16 × 10	45 ～ 180	50 ～ 58
3 × 3	6 ～ 36	8 ～ 10	18 × 11	50 ～ 200	58 ～ 65
4 × 4	8 ～ 45	10 ～ 12	20 × 12	56 ～ 220	65 ～ 75
5 × 5	10 ～ 56	12 ～ 17	22 × 14	63 ～ 250	75 ～ 85
6 × 6	14 ～ 70	17 ～ 22	25 × 14	70 ～ 280	85 ～ 95
8 × 7	18 ～ 90	22 ～ 30	28 × 16	80 ～ 320	95 ～ 110
10 × 8	22 ～ 110	30 ～ 38	32 × 18	90 ～ 360	110 ～ 130
12 × 8	28 ～ 140	38 ～ 44	36 × 20	—	130 ～ 150
14 × 9	36 ～ 160	44 ～ 50	40 × 22	—	150 ～ 170

に耐えるように，図 **2・47** に示す各部の寸法が定められる．キーの寸法は，図 **2・47** に示す寸法が表 **2・3** のように定められている．また，こう配は 1/100 が一般的である．

軸に取り付ける歯車やベルト車などは，軸に対して正しく中心を合わせ，かつその面を軸と直角にすることが大切である．偏心や面の傾きは，振動やゆるみを起こす原因になる．また，キーを挿入するとき，強くたたきすぎると歯車やベルト車が偏心するおそれがある．

2・4　コッタ

コッタ（Cotter）はコッタ継手に用いられるもので，鋼でつくられ，中心軸線方向に引張りまたは圧縮を受ける棒のようなものを結合するために，軸線方向と直角に打ち込んで用いる（図 **2・48**）．長手の方向に片面の傾斜（Gradient：こう配）の付いたものと，両面の傾斜（Taper：テーパ）の付いたものとがある（図 **2・49**）．

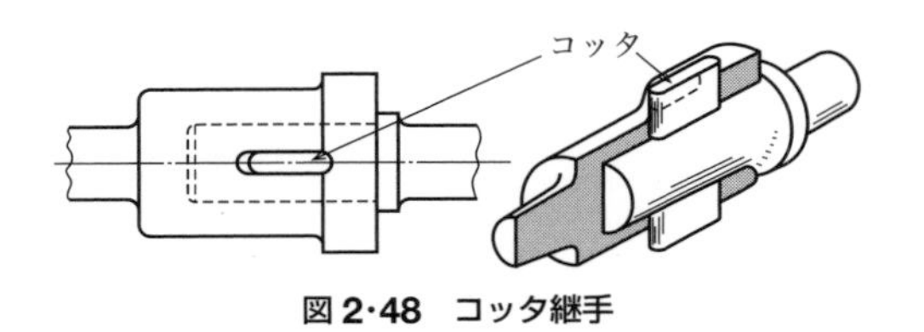

図 2・48　コッタ継手

（a）こう配　（b）テーパ

図 2・49　コッタ

図**2·48**は，コッタで部品を結合した状態である．コッタで部品を結合する場合は，図**2·50**のように，打ち込んだPという力によって，コッタに接する部品の面に直角方向にSというような力がはたらいて，たがいに反対方向に引き寄せる．この引き寄せる力は，コッタのこう配またはテーパの角度によって異なってくる．コッタのこう配およびテーパは，理論上からは1/7以下とされているが，実際には1/24～1/48ぐらいのものが用いられている．調整用のものは，これを1/5～1/15にとる．

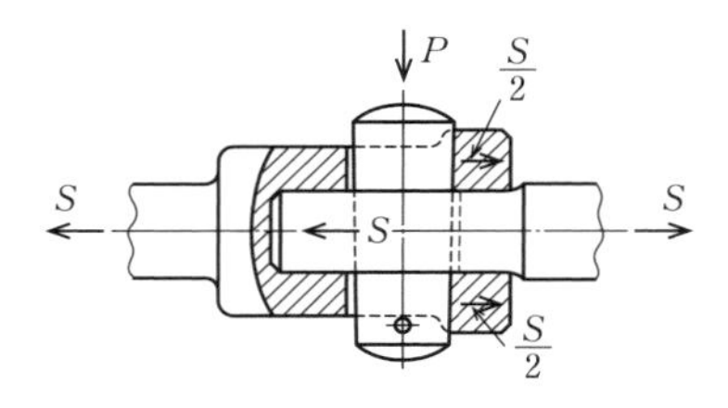

図2·50　コッタに加わる力

コッタが抜け出さないのは，コッタと部品の接触部における摩擦力のためである．部品の引張る力によって，コッタを抜け出させようとする力が起こるが，傾斜が小さいものは，それが摩擦力よりも小さいため，抜け出しにくい．したがって，取り外しは困難である．

反対に，傾斜の大きいものは取り外しやすいが，自然にゆるみやすい．ときどき取り外す場合は大きな傾斜のものを用い，めったに取り外さないものは小さい傾斜のものを用いるようにする．

コッタは，2つの部品が引張り合っているため，圧縮や曲げやせん断の力を受けるので，これらの力に耐えるように寸法を定めなければならない．

2·5　ピン

ピン（Pin）は，コッタの小さいものとも考えられるもので，小径の細長い棒状のものや，テーパのついたもの，棒の先を2つに開いた割りピン，断面半円形の針金を360°折り曲げた割りピンなどがある（図**2·51**）．おもに部品を結合し，ボルト，ナットあるいはコッタやその他の結合部のゆるみ止めなどに用いられる．ピンの材料としては，軟鋼，黄銅，銅などが用いられる．

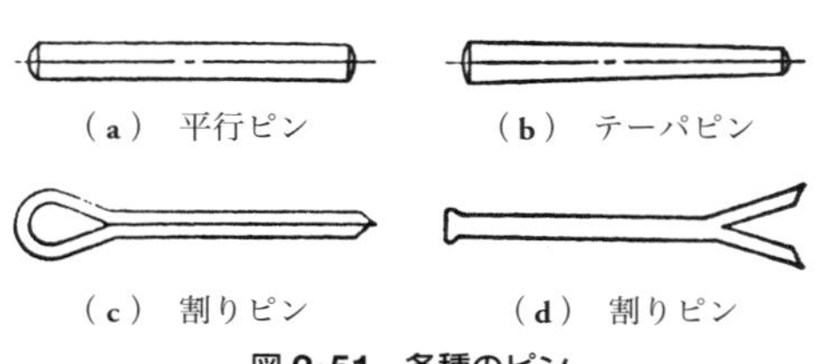

図2·51　各種のピン

また図**2·52**は，中空のスプリングピンを示したものである．これは薄板を円筒状に巻いて熱処理を施したもので，穴に取り付けたとき，そのばね作用によって穴の内壁面に密着して高い保持力を発揮するピンである．ドリル穴もしくはポンチ穴でも使用することができるなど，多くの利点があるので，広く使用されている．

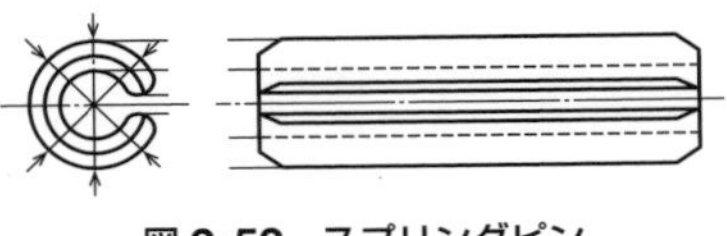
図 2·52　スプリングピン

2·6　止め輪

止め輪（Retaining ring）とは，軸または穴に切削された溝に，止め輪のばね作用を利用して，止め輪を円周方向にわずかに拡大または縮小させてはめ込み，その軸または穴にはめ合わされた相手方を抜け出さないように固定するための締結用機械要素である（図 **2·53**）．これにはその使用か所によって軸用のものと穴用のものがあり，また形状によってＣ形，Ｅ形，グリップ形などのものがある．

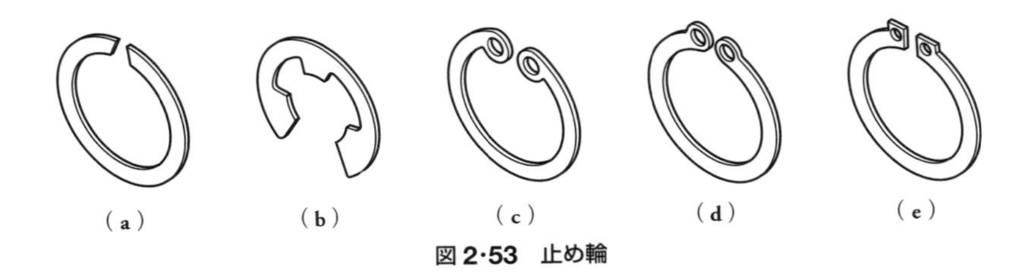

図 2·53　止め輪

2·7　リベット

容器，建築構造物，橋などで，板または板状の部品を結合し，あるいは管状の部品を結合したりする場合に，一端に頭のあるピン状の**リベット**（Rivet）というものを，結合部の穴にさし込んで，頭のない他端を手づちまたはリベット打ち機で打って丸めて締め付ける．これを**リベット継手**（Riveted joint，図 **2·54**）という．

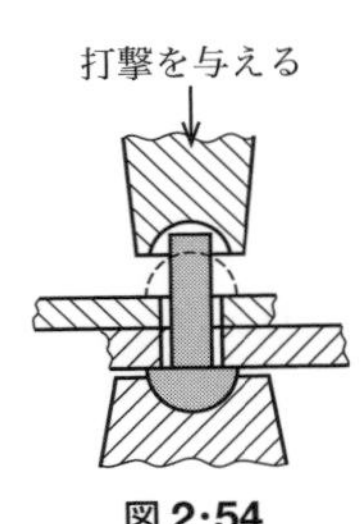

図 2·54
リベット継手

リベットには，その頭の形によって，図 **2·55** に示すように，

(a)丸リベット，(b)皿リベット，(c)丸皿リベット，(d)平リベット，(e)薄平リベット，(f)なべリベットなどの種類があり，JIS にこれらが規定されているリベットは，名称，直径 × 長さおよび材質で呼ぶ.

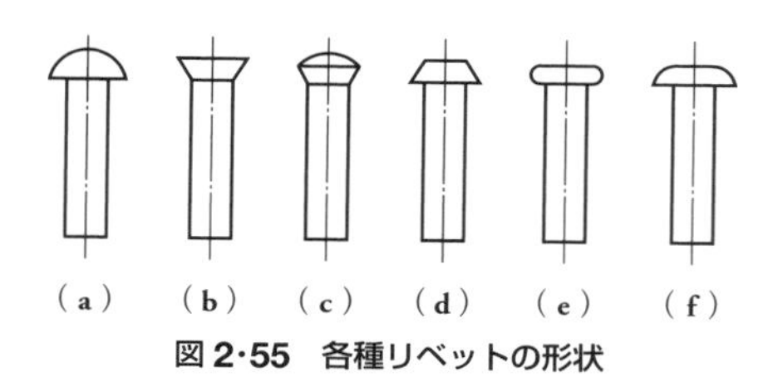

図 2·55 各種リベットの形状

リベットの材料は，そのリベットを用いて結合する部材と同質の材料を使うが，鋼類の結合に用いるリベットには，リベット用圧延鋼材を使う.

リベットを打つための穴はリベットの直径よりわずかに大きくしておき，そのすきまは，リベットを打つとき軸方向に圧縮力を受けて埋められる.

リベットを打つ場合は，リベットを赤熱して，やわらかくしておいて打つが，小さいものでは，常温のまま打つことが多い．前者を**熱間成形リベット**といい，この場合は，リベットが冷却するとき収縮するので板を強く締め付けることになり，継手が強くなる．また，後者は**冷間成形リベット**といって，主として，直径が 10 mm 以下の場合に用いられる．このリベットでは加熱しないので，頭部がきれいに成形される.

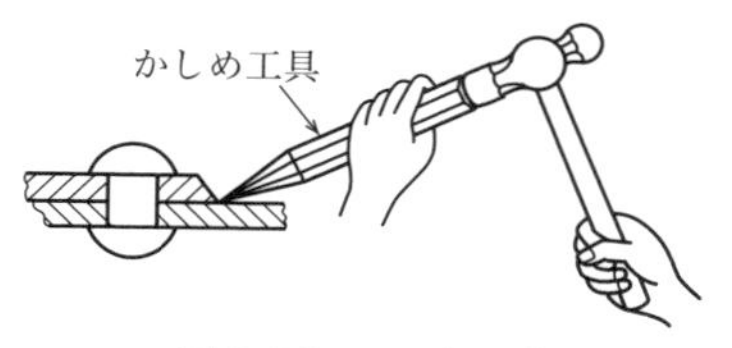

図 2·56 コーキング

なお，気密を必要とするところには，リベットで継ぎ合わせたままでは気密が充分でないから，リベット頭の縁および板の縁を，たがねあるいはへしというような工具でたたき，かしめて気密にする．これを**コーキング**(Caulking)という（図 **2·56**)．しかし，板の厚さが薄い場合には，コーキングができないので，鉛丹を浸した麻布を板の間に入れてリベット締めをする.

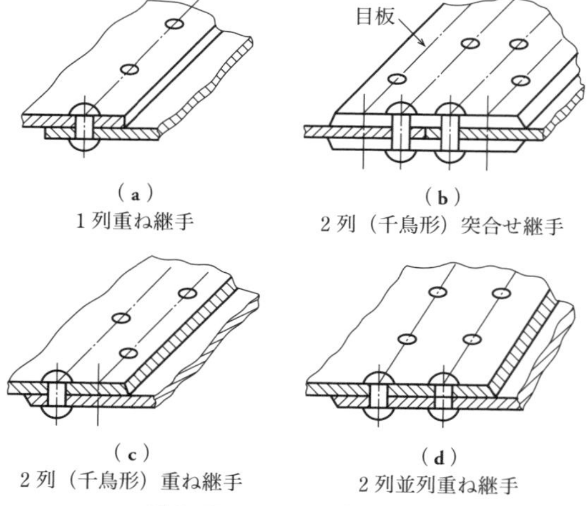

図 2·57 リベット継手の種類

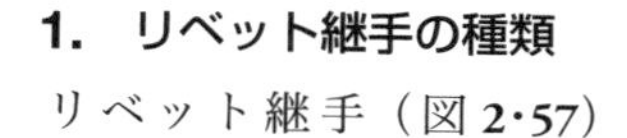

1. リベット継手の種類

リベット継手（図 **2·57**)

には，板の重ね方により**重ね継手**（Lap joint）と**突合せ継手**（Butt joint）とがある．突合せ継手では，突合せた板の片側または両側に目板と呼ぶ補助板を当ててリベットしなければならない．

また，リベット継手には，リベットの列によって，1列継手，2列継手，3列継手があり，並び方によって千鳥形と並列がある．

2. リベットの強さ

リベット継手が力を受けて破壊するときの状態は，図**2·58**に示すとおりである．同図(**a**)はリベットが押しつぶされる場合，同図(**b**)はリベットがせん断される場合，同図(**c**)は板が引張りで切れる場合，同図(**d**)は板の裂ける場合，同図(**e**)は板が押しつぶされる場合，同図(**f**)は板の端がせん断される場合をそれぞれ示したものである．

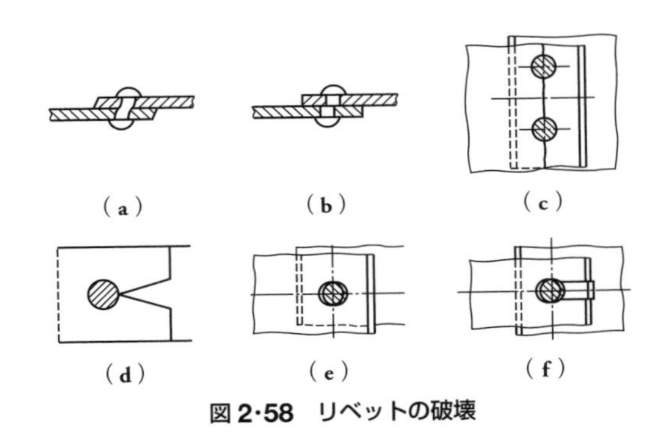

図2·58　リベットの破壊

リベットの受ける力と板にかかる力とは等しいので，板の抵抗力とリベットの抵抗力は等しいほうがよい．しかし，すべての状態における抵抗を同等にすることは困難な場合がある．一般にリベットのほうを強くすることが多い．

リベット打ちした板は，リベット穴があいているので，穴をあける前の板と比べると，抵抗力が弱くなっている．リベットと板との，どちらか弱いほうの強さと，リベット打ちしない場合の板の強さとの比を，**リベット継手の効率**という．リベット継手の効率は，1列重ね継手のとき55～60%ぐらいで，3列2枚目板突合せ継手のときは85%ぐらいである．

3. リベット継手の修理

リベット継手部は，一般的に分解・再結合しないが，やむを得ず分解する場合は，リベットの頭を切り落とし，たたき落としてリベットを抜く．再結合する場合には，新しいリベットを用いる．

2·8 軸継手

軸は，種々の必要からいく本かを継いで1本の軸として使用する場合がある．回転を伝える2本の軸を，軸端で結合する継手を**軸継手**（Shaft coupling）という．

軸継手は，伝動力が充分であり，回転軸のつり合いがよく，振動してもゆるまないことが必要である．軸継手には，回転中はいつも両軸を締結していて，回転を止めてから分解しなければ引き離すことのできない**永久軸継手**と，回転中に必要のあるときに，すぐに切り離すことができる着脱式の**軸継手**（Clutch）とがある．永久軸継手には，次に述べるような固定軸継手，たわみ軸継手，オルダム継手，自在継手などがある．

1. 固定軸継手

これは永久継手の一種で，2つの軸が一直線上にある場合に，これを固く結合して1本の軸として回転させるもので，小型で伝動力・回転速度の小さいものにはスリーブ継手を用い，大型で伝動力の大きいものや，小型でも回転速度が大きく，精密に中心を合わせる必要のあるものにはフランジ継手を用いる．

（1） **スリーブ継手**（Box or muff coupling） 図**2·59**に示すように，結合する2つの軸の端を鉄製の筒の中にはめ込み，キーで固定したものである．

同図(**a**)は，軸の端を切り込んで組み合わせた筒形半重ね継手である．軸を軸継手に固定するには，一般に図のようにキーを用いる場合と，軸心に直角にコッタを打ち込む場合とがある．同図(**b**)は，摩擦筒形継手というもので，外側にテーパをつけて，これを2つに割ってか

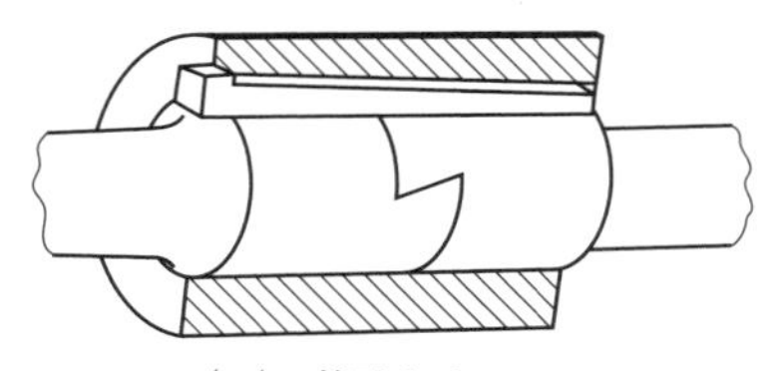

（a） 筒形半重ね継手

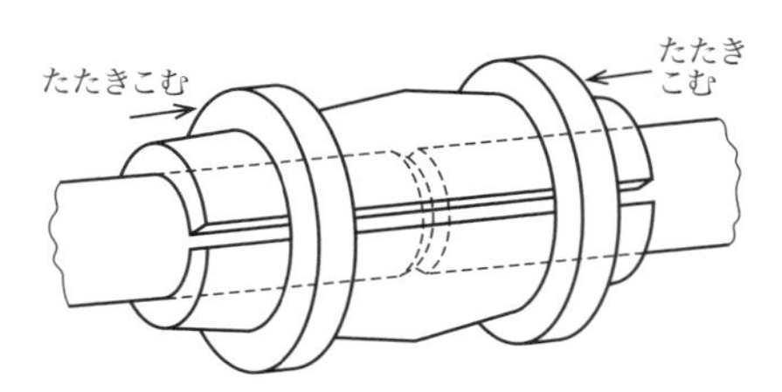

（b） 摩擦筒形継手

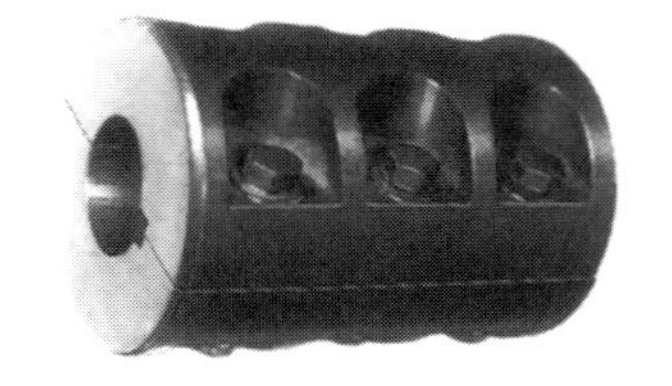

（c） 箱形継手

図2·59 スリーブ継手

ら組み立て，外側にテーパにそって2つの鉄の輪を固く締め付けたものである．

同図(c)は箱形継手であって，2つに分割したものを組み立て，ボルトとナットで締め付けたものである．

（2） **フランジ継手** (Flange coupling) 図 **2·60** に示すように，結合する2軸の各軸端にフランジ（つばのような部分）をキーで取り付け，この2つのフランジをボルトとナットで締め付けたものである．フランジ形継手については **JIS B 1451：1991** に規定がある．なお，軸とフランジの結合には，キーを用いないで，一体につくる場合もある．

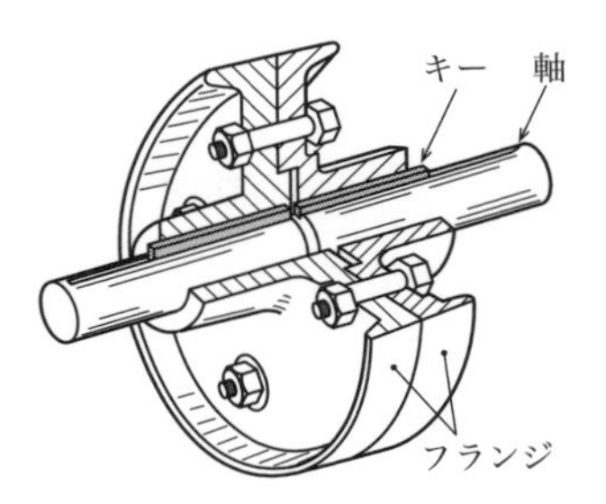

（a） 断面

（b） 使用例

図 2·60 フランジ継手

（3） **たわみ継手** (Flexible coupling) 2軸の軸心がわずかにずれていて一直線上にないとき，皮・ゴムなどのような弾力性のあるものを仲介にして2軸を連結し，大きな回転力のために軸に無理な力がかからないようにしたもので，衝撃や振動が軸に加わるときも，このたわみ継手を用いれば，それらが緩和される．

図 **2·61**(a)は，軸端の三又の金具に，強いゴムをボルトで締め付けたもので，自動車などに使用している．同図(b)は，フランジ継手のボルトの周囲に，ゴムを入れたものである．フランジ形たわみ継手は，**JIS B 1452：1991** で規定されている．

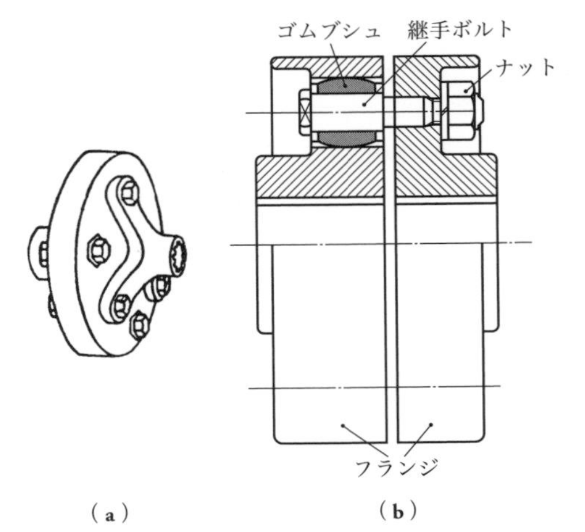

（a） （b）

図 2·61 たわみ継手

（4） **伸縮継手** (Expansion joint) 軸が熱などのために，軸

図 2·62 伸縮継手

方向に多少伸縮してもさしつかえのないようにしたものである．図**2·62**はその1例を示したもので，軸方向にすきまを与えたものである．

2. オルダム継手

オルダム継手（Oldham coup1ing）は，2軸が平行であるが一直線上になく，軸心間の距離が短いときに用いられるもので，それぞれの軸に対し相対的な運動をする仲介物を，2軸の間に設けたものである．

図**2·63**に示すように，2つの軸の端に付けたフランジに溝を設け，この2つのフランジの間に1つの円板を挟み，この円板の両面に，細長い突起をその長手の方向がたがいに直角になるように設け，これをフランジの溝にはめ込むようにしたものである．これらの溝と突起は，たがいにすべり合いながら回転して，回転運動を伝えるものである．

図2·63　オルダム継手

3. 自在継手

自在継手（Universal joint）は，**フックの継手**（Hook's joint）ともいい，交わっている2軸の間に回転を用いるのに用いられ，オルダム継手のように，2軸の間にこれらと相対的な運動をする仲介物を入れたものである．自動車や各種機械の各部に広く用いられている．

図**2·64**に示すように，O_1，O_2の2軸の両端に半円形の二股を固定し，十字形の棒の4つの端を，この2軸の二叉の端に端にピンで連結したものである．同図（**b**）は，自動車の推進軸に使用されている自在継手である．

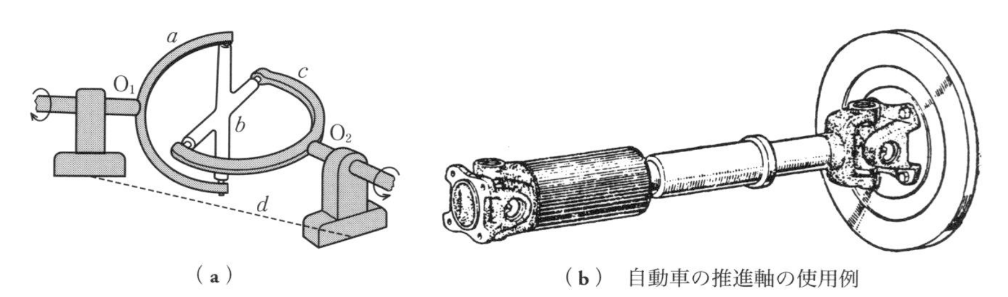

（**a**）　（**b**）自動車の推進軸の使用例

図2·64　自在継手

この継手では，一方の軸の1回転によって他方の軸に1回転の運動を伝えるが，回転の途中における速さの比は始終変化する．この変化は，2軸間の角度が大きいほど大きい．この変化を少なくするには，両軸間の角度を5°以下にすることが望ましい．また，等速で回転を伝えるには，図**2·65**に示したように，駆動軸と受動軸との間に中間軸を1本入れ，2つの自在継手でこれを連結し，2軸との間の角度を同一にすればよい．

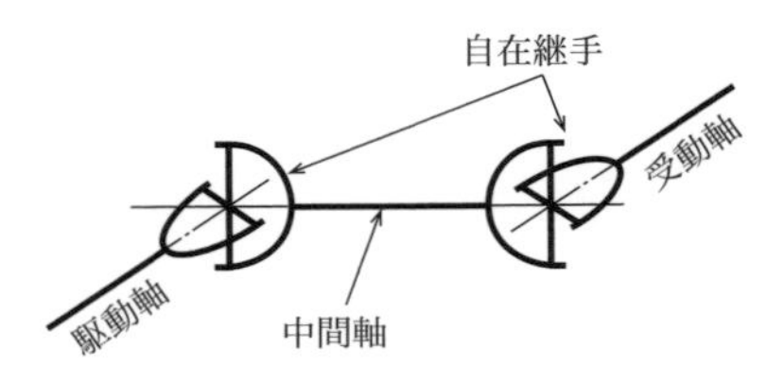

図2·65　2つの継手を使用する場合

4.　剛性たわみ軸継手

たわみ軸継手の中に，数個の自在継手を使用した形式のものがある．図**2·66**，図**2·67**に示したのはその例である．図**2·66**は，フックの継手を一直線上に多数並べてたわみ性を与えたものである．

また図**2·67**(**a**)は，軸端に玉受け溝のある円筒を固定し，中間軸の両端に取り付けた鋼球をこの溝にはめて，回転を伝えるものである．中間軸は抜き差し管となっている．同図(**b**)は細い鋼線をよった継手である．

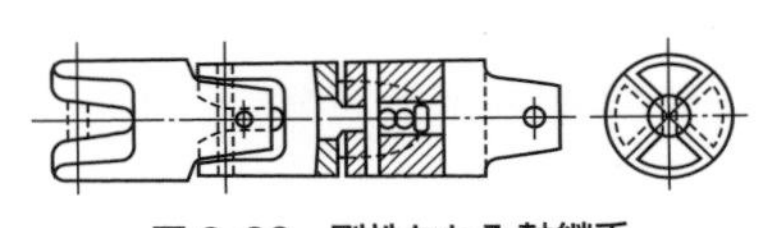

図2·66　剛性たわみ軸継手

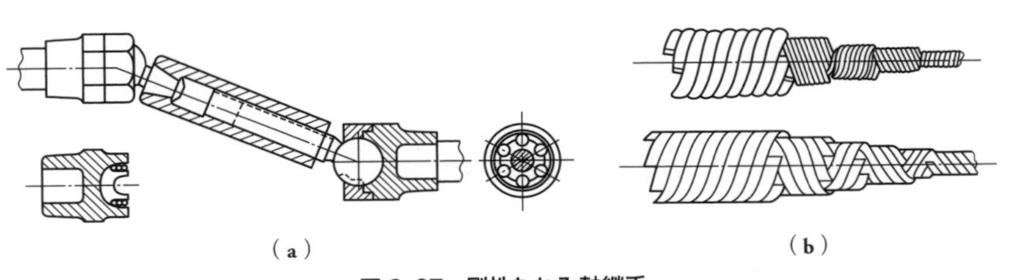

図2·67　剛性たわみ軸継手

5.　クラッチ

回転中の2軸の結合を解いたり，また結合したりする着脱式軸継手を**クラッチ**(Clutch) という．一般にかみ合い部の一方は，一方の軸にキーなどで固定し，他の軸に取り付けたかみ合い部は，すべりキーのようなもので軸方向にすべることができるようにしてある．クラッチには，次にあげるような種々のものがある．

（1） **かみ合いクラッチ**（Claw clutch） 2軸の軸端に，図 **2･68** に示すような凹凸またはつめのある金具を取り付け，一方の軸の部品はすべりキーによって軸方向に移動できるようにし，クラッチ寄せで移動させてかみ合わせるものである．

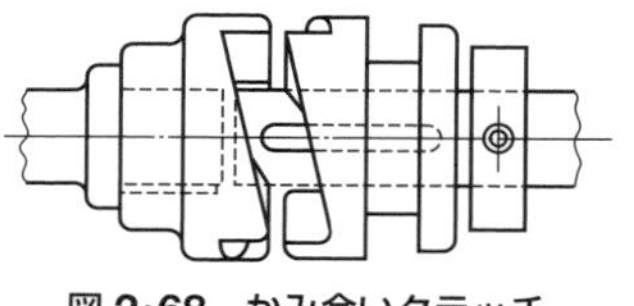

図 2･68 かみ合いクラッチ

図 **2･69**（**a**）に示したものは，つめの形が傾斜していないので，右回り・左回りのどちらの方向の回転も伝えることができるが，静止しているときでないとクラッチは入らない．

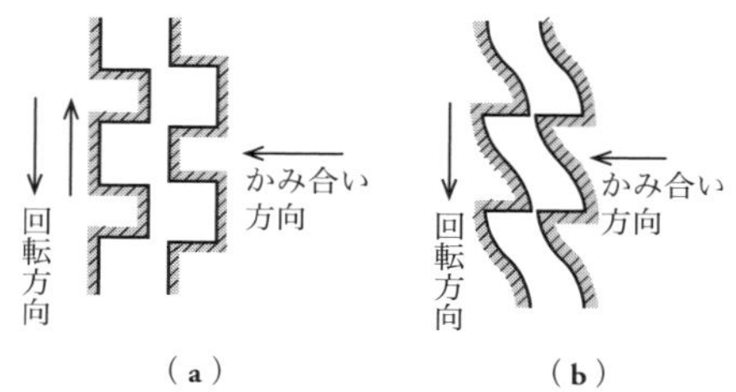

図 2･69 かみ合いクラッチのつめの形

同図（**b**）に示したものは，つめが傾斜しているので一方向の回転だけを伝え，反対方向に回転するときはクラッチの結合がはずれるようになっている．一方の軸に取り付けたクラッチを，軸方向にすべらせて他方の軸に取り付けたクラッチとかみ合わせ，2軸の間に回転を伝えるが，従軸（回されるほうの軸）の回転が速くなると，つめに傾斜がついているので，原軸（回すほうの軸）側が従軸側に押されて自然にはずれるようになっている．

この種のクラッチは，回転中に結合したり，結合を解いたりすることができるが，逆回転することはできない．

（2） **摩擦クラッチ**（Friction clutch） 原軸側と従軸側の両方を押し付けて，その間の摩擦力によって運動を伝えるものである．

このクラッチでは，始動時には，両軸の接触面はいくらかすべりながら回転を伝えるが，原軸の回転速度を徐々に上げていくと，最後には両軸が一体になって回転する．また，従軸のほうの抵抗が大きくなりすぎれば，摩擦力にうち勝って接触面がすべり，従軸の回転は低下し，安全に運動が伝えられる．

摩擦クラッチは，かみ合う力の方向によって，**軸向きクラッチ**（Axial clutch）と**リムクラッチ**（Rim clutch）とに分かれる．前者は力の方向が軸線と同じ方向のもので，回転の釣合いがよく，伝動力は割合に小さくて軸線と同じ方向のもので，回転の釣合いがよく，伝動力は割合に小さくて高速度回転をする2軸間に動力を伝える場合に適し，後者は力の方向が軸線と直角の外周方向に向かっているものであるから，低速で回転しながら大きな回転力を伝えるものに適する．

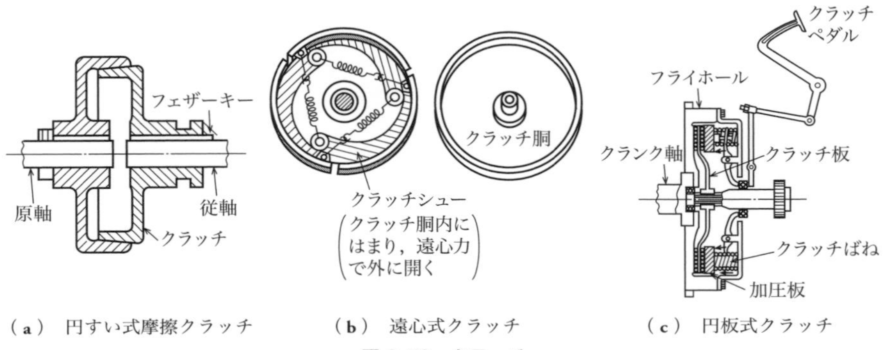

（a） 円すい式摩擦クラッチ　（b） 遠心式クラッチ　（c） 円板式クラッチ

図2·70　クラッチ

図2·70(a)に示したのは，リムクラッチの一種で，一般に**円すい式摩擦クラッチ**（Conical friction clutch）と呼ばれるものである．これは原軸に内面円すい状のクラッチをキーで固定してあり，従軸には，円すい部にはまる外周面円すい状のクラッチをすべりキーで取り付けて，軸方向に移動することができるようにしてある．クラッチ寄せで従軸側のクラッチを軸方向に押し付ければ，両円すい部は摩擦力によって固く結合され，一体となって回転が伝えられる．円すいの傾斜が小さいほど，小さい力で確実に結合することができる．

同図(b)は，**遠心式クラッチ**（Centrifugal clutch）を示したもので，回転の遅いときは，図に示すクラッチシューという部分が，ばねの力で内側に縮んで，クラッチ胴とは離れているが，回転が速くなると，クラッチシューは遠心力によってばねの力に抵抗して外側に開き，クラッチ胴に強く接触して，回転が伝えられるようになる．

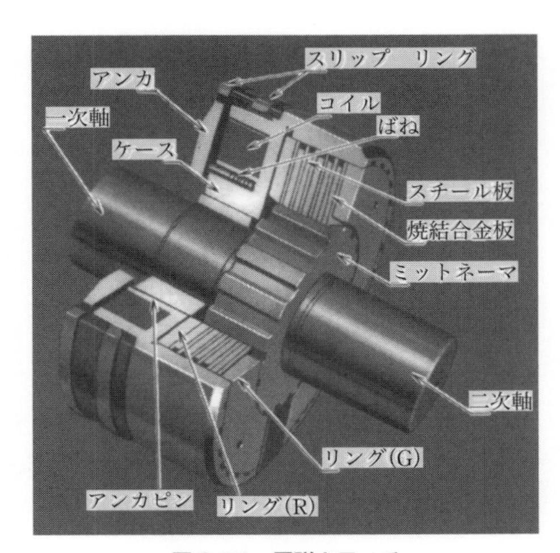

図2·71　電磁クラッチ

同図(c)は**円板式クラッチ**（Disc clutch）を示したもので，これは，原軸に取り付けたはずみ車と，従軸に取り付けた加圧板との間にクラッチ板を挟み，これに圧力を加え，その間の摩擦力によって2軸を結合させるものである．

円板に圧力を加えるには，ばねの

力や油圧を利用したりする．円板式クラッチの円板に圧力を加えるのにクラッチウエイトを用い，遠心力によって軸方向の圧力を起こすようにしたものもある．

図 **2·71** はクラッチ板を数個用い，電磁力でクラッチ板を押し付けるようにしたものである．

（3） **フリーホイール**（Free wheel） クラッチの一種で，原軸から従軸に回転を伝える場合に，軸が一定の回転方向に回転するときは動力を伝えるが，反対の方向に回転するときは，継手が解けて動力を伝えない．また，原軸の回転よりも従軸の回転が速くなった場合が生じても，従軸から原軸に逆に回転の力を伝えるようなことはない．

図 **2·72** は，ボールを利用したフリーホイールを示したものである．原軸 A に取り付けた歯車状の円板 C の外周と，従軸に取り付けられた輪 D とのすきまにボール B を入れたものである．このすきまは傾斜していて，一端が狭く他端が広くなっている．円板 C の回転によってボールが軸周を回転すると，ボールは遠心力によって外に出ようとしてすきまの狭いほうに移動し，ここにくさびのように固くはまり，ボール B と輪 D および円板 C の間の摩擦力によって，運動が C から D に伝えられる．輪 D の回転が円板 C より速くなると，輪 D のためにボール B がすきまの広いほうに動かされて，円板 C と輪 D との結合が解ける．自動車の動力伝達部に，これを変形したフリーホイールを用いたものがある．

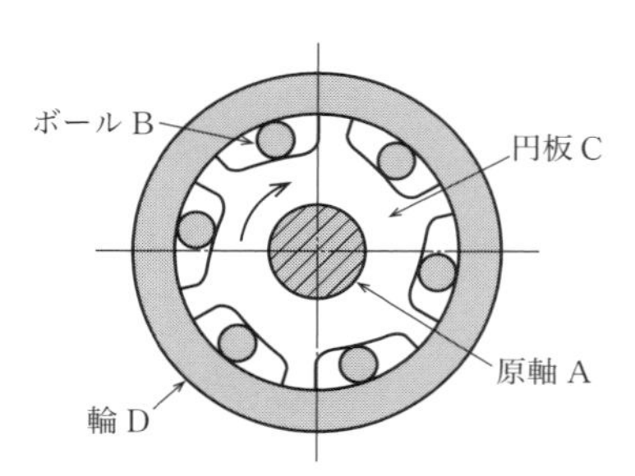

図 2·72　ボールを利用したフリーホイール

図 **2·73** は，図 **2·72** の変形であって，数個の異径ボールとばねを用いた例である．

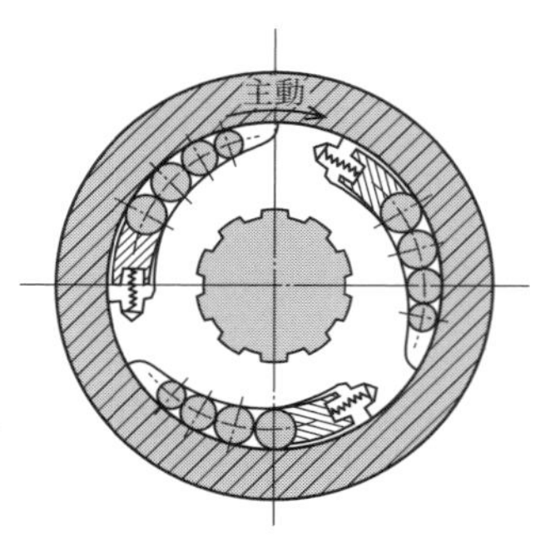

図 2·73　ばねとボールを用いたフリーホイール

図 **2·74** は，自転車の後車軸部に使われているラチェットとつめを利用したフリーホイールを示したものである．後車輪のチェーンをかける歯車の内面に，ラチェットという，1 方向の回転だけを伝えるようにした丸のこぎりのような歯を切った車を設けてあり，これに車軸のボス部に付けたつめが引っかかり，回転が伝えられる．逆回転するときは，つめは

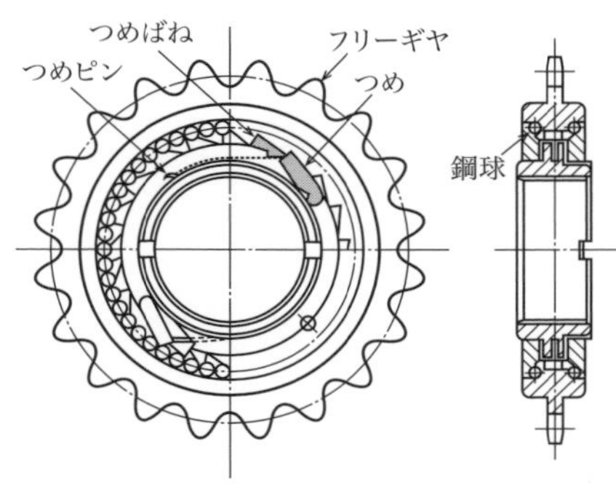

図 2·74　ラチェットを用いた自転車のフリーホイール

ラチェットの背面をすべって空回りをする．回転を伝えているときは，つめはばねの力でラチェットの面に押し付けられるようになっている．

（4）　流体クラッチ（Fluid clutch）

原軸と従軸との間に油などの流体を入れて，原軸の回転がある程度大きくなったとき，流体の圧力によって2軸を結合させ，回転が小さくなって圧力が減少したとき，結合が解かれるようにしたものである．これを用いると，回転力を伝える場合の始動時や終動時に生じる衝撃が緩和される．自動車などに使われている．

流体クラッチが運動を伝える原理を，図 **2·75** によって説明しよう．いま，ファン（回転羽根）を2つ向かい合わせておいて，一方を回転させ，それによって起こる空気の動きを他方に当てれば，他方のファンも回転し始める．流体クラッチは，この原理を応用したものである．

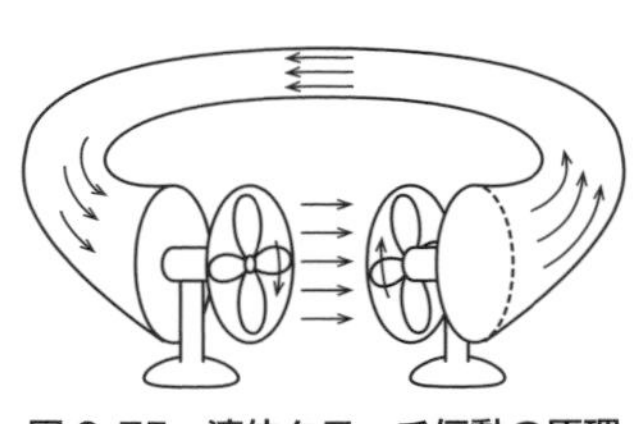
図 2·75　流体クラッチ伝動の原理

図 **2·76**（**a**）は，その実例を示したもので，① の原軸と ② の従軸に，それぞれたがいに向かい合った椀形の羽根を設けた回転板 ③, ④ を取り付けてある．この中に油のような流体が入れてある．流体は，③ に取り付けられた羽根によって回転させられ，遠心力によって ④ の羽根に流れ込み，この羽根を回転させる．したがって従軸が回転する．原軸の回転が遅すぎると，従軸を回転させる力がな

（a）　断面図

（b）　外観

図 2·76　流体クラッチ

ポンプ
インペラ
タービン
ランナー
ステータ
(案内羽根)
入力
出力

（a） 断面図

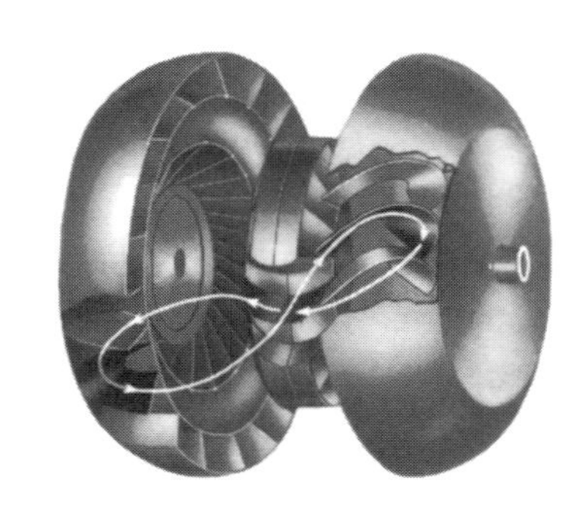

（b） 作用図

図 2·77 トルクコンバータ（流体変速機）

く，従軸は回転しない．同図（**b**）は実際の外観を示したものである．

流体クラッチに似たものに，**トルクコンバータ**（Torque converter）と呼ばれるものがある．これは一種のクラッチであると同時に，従軸の速度を変える変速機のはたらきをもするようにしたものであり，トルク（回転力）を変えて変速を行なうので，流体変速機ともいわれ，自動車の自動変速機として用いられている．

図 **2·77** と図 **2·78** は，その例を示したものであって，流体が原軸の羽根から従軸の羽根に，あるいは反対に，流れ込む途中に案内羽根を入れて流体の向きを変え，伝えるトルクの大きさを変えるようにしてある．

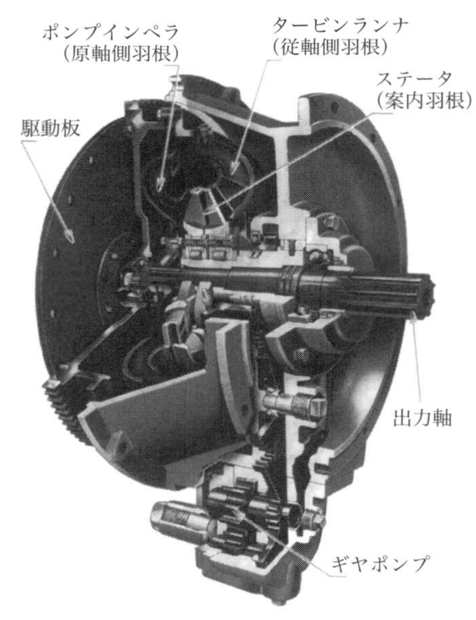

図 2·78 トルクコンバータの断面

2·9 その他の結合法

これまで説明したものは，部品を結合するために用いられる機械の要素であったが，結合用の要素をとくに用いないで，部品を結合する方法もしばしば用いられる．これには，溶接，鍛接，ろう付け，板の折り曲げ接合，はめ込みによる結合などがある．

2章 練習問題

問題 2･1 ねじのリードおよびピッチについて説明せよ．また，リードとピッチの等しい場合と異なる場合はどのようなときか．

問題 2･2 左ねじを使うのはどのような場合か．

問題 2･3 ねじ山の形にはどのような種類があるか．

問題 2･4 ねじにはどのような用途があるか．例をあげて説明せよ．

問題 2･5 ボルトにはどのような種類があるか．

問題 2･6 ナットにはどのような種類があるか．

問題 2･7 ナットの戻り止めにはどのような方法があるか．

問題 2･8 ねじの分解と結合上の要点を述べよ．

問題 2･9 キーの種類とその用法を述べよ．

問題 2･10 溝付き軸とはどのようなものか．

問題 2･11 コッタはどのようなところに用いられるか．

問題 2･12 板類を結合するのには，どのような方法があるか．

問題 2･13 固定継手の種類をあげよ．

問題 2･14 オルダム継手とはどのようなものか．

問題 2･15 クラッチにはどのような種類があるか．

問題 2･16 流体クラッチについて述べよ．

3

運動伝達用機械要素

機械のもっとも大きな特性の１つは，各部が一定の関係運動を行なうということである．したがって運動伝達用の機械要素は，機械にとってきわめて重要なものである．

運動伝達用の機械要素は，個々の機械によってそれぞれ異なり，それぞれの機能に適するようなものが用いられるが，一般の機械に共通に使用されるものも多い．以下本章では，このような運動伝達用の機械要素について説明する．

3·1 軸

機械部分の運動の状態には，さまざまなものがあるが，そのもっとも基本となるのは回転運動である．一般には，この回転運動を各種の機構によって往復運動，その他，必要な運動の形態としている．回転運動を伝えるためには，丸棒状の**軸**（Shaft）が用いられ，これを**回転軸**という．

軸はその両端または要所要所を**軸受**（Bearing）で支えている部分を**ジャーナル**（Journal）という（図 **3·1**）．ジャーナルの部分の断面は円形であるが，軸のほかの部分は必ずしも円形ではなく，四角であったり，各種の付属物がついていたり，あるいは曲がっていたりする．図 **3·2** に示すような曲がった軸を**クランク軸**（Crank shaft）という．

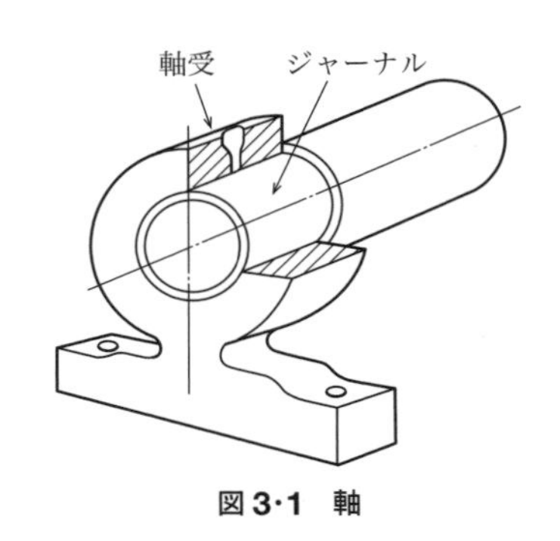

図 3·1　軸

軸は，必ずしも回転運動をするとは限らず，往復運動その他の運動をする場合がある．このような軸の場合は，断面が円形であったり，四角であったり，あるいは特殊な形状をもつものなどもある．また，場合によっては，車両の車軸のように，軸のほうが固定されていて，軸受に相当するほうが回転するようになっているものもある．

図 3·2　クランク軸

工場などで，1個の電動機から動力をとり，これを各種の機械に分配する場合には，図 **3·3** のように，動力源から直接動力を受ける軸を**原軸**（Line shaft，主軸）といい，原軸の回転数を変えて個々の機械に動力を伝えるために用いる軸を**中間軸**（Counter shaft）という．

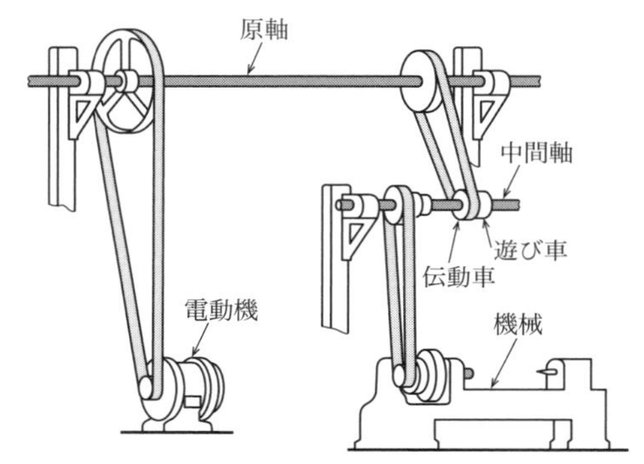

図 3·3　原軸と中間軸

回転軸は，回転という形で動力を伝えるものであって，動力を伝えるために軸はねじられるから，このねじる力に耐えられるだけの強さをもっていなければならないので，その材料にはとくに吟味したものが用いられる．また，軸には一般的に中空でない中実軸が用いられるが，重量を考慮する場合には，中空軸が用いられることもある．

3·2　軸受

軸受は，上述のように，軸を支えて円滑に回転運動をさせるものであるが，これに加わる力の方向によって，次のような種類がある．

①　**ラジアル軸受**　軸受に加わる力が軸線に直角の方向にはたらくもの〔図 **3·4**(**a**)〕．

②　**スラスト軸受**　軸受に加わる力が

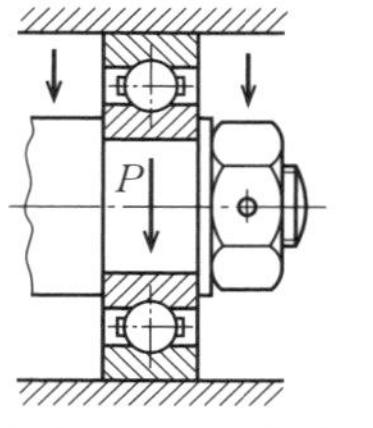

(a)　ラジアル軸受

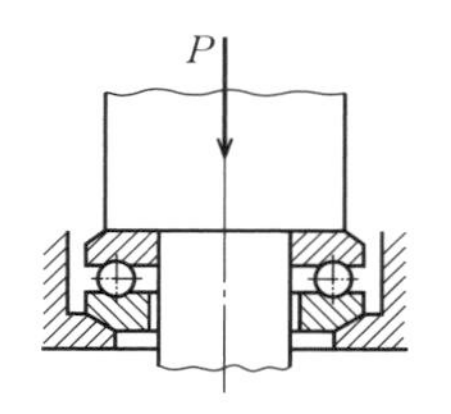

(b)　スラスト軸受

図 3·4　軸受

軸の中心線の方向にはたらくもの〔同図(**b**)〕．すなわち，推力（スラスト）を支えるもの．

また，軸受面の接触の仕方により，次のような種類がある．

① **平軸受** 軸受面と軸のジャーナル面がすべり接触をするもの．

② **転がり軸受** 軸受と軸との接触面に玉やころを入れて，転がり接触をさせるもの．

1. 平軸受

平軸受（Plain bearing）は，すべり軸受とも呼ばれ，そのもっとも簡単なものは図**3·5**(**a**)に示すように，軸を受ける穴があるだけのもので，単体軸受といい，取り付け部のボルト穴によって，ボルト，ナットで適切な所へ固定される．

また，同図(**b**)に示したものは，軸受部に別の円筒状の**軸受金**（Bush，ブッシュ）を入れたものである．ブッシュには，軸を傷つけないような，また摩擦の少ないような材質のものを使うことができ，また摩耗したとき，このブッシュを取り換えるだけで済むので便利であり，広く使用されている．

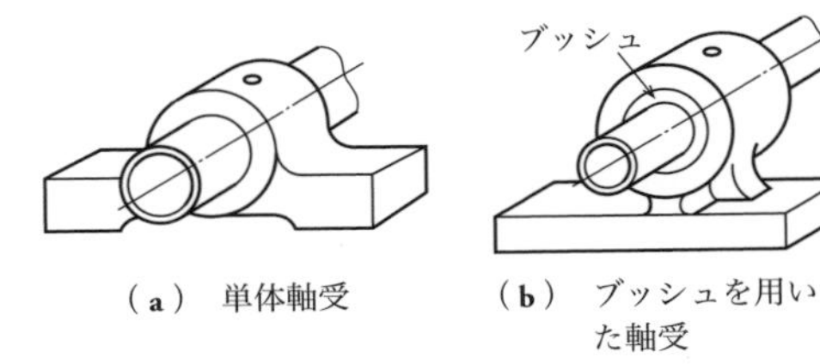

（**a**） 単体軸受 （**b**） ブッシュを用いた軸受

図 3·5 平軸受

（**1**） **軸受金の形状** ブッシュは，小型のものでは黄銅などを用い，円筒状に一体につくるが，多くは組み立てに便利なように，中心から２つに割り，上下から軸を挟むようにしたものが多い（図**3·6**）．

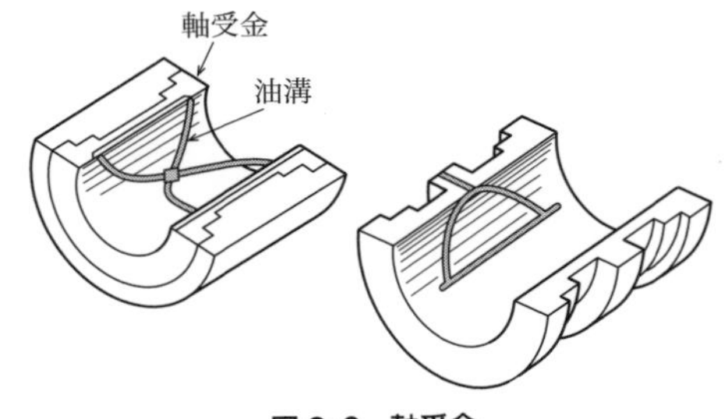

図 3·6 軸受金

この場合，軸受本体も上下２つの部分に割って，これを組み立てて，ボルト，ナットで締め付けるようにしてある．このような軸受では，軸受金が摩耗した場合，上下２つの部分の間にシムという薄い板を適切に入れて，すきまを加減することができる．また，大型の軸受金では，鋳鉄などの裏金に，やわらかい金属を鋳込んだものを用いる．

（2） 軸受金の材料 軸受金の材料としては，次のような性質が必要である．

① 摩滅に耐えるようにかたいこと，同時に，軸を傷つけない程度に，軸の材料よりもやわらかくなければならない．

② 軸との間の摩擦係数が小さいこと．

③ 摩擦によって出た熱を逃がしてやるように，熱伝導のよいこと．

④ 腐食に耐えること．

⑤ 鋳造しやすいこと．

このような要求を満たすためには，軸受金の材料は，やわらかい金属の中に，かたい金属その他の粒子が点在しているものがよいのであって，**ホワイトメタル**（White metal，すずまたは鉛のやわらかい金属に，アンチモンのようなかたい金属を混ぜたもの），青銅（すず・銅の合金），リン青銅（すず，銅，リンの合金），鉛青銅（銅・鉛の合金で，ケルメットといわれるのもこの一種），鋳鉄，アルミニウムなどが用いられる．鋳鉄はもっとも廉価であるが，軸の運動が低速度の場合のほかはあまり用いられない．

（3） 油溝 軸受金には，摩擦面に各種の溝を設けて，ここに油が溜まるようにしてある．これを油溝（あぶらみぞ）という．

回転の遅いものには，合わせ目の角（かど）を落として，この部分を油溝とするが，一般的に図**3·6**のような形に切ることが多い．しかし高荷重・高速のものには，軸受面が減少するので溝を設けず，ほかの方法で油を圧送するようにしたものもある．

（4） 大型の平軸受 大型の平軸受

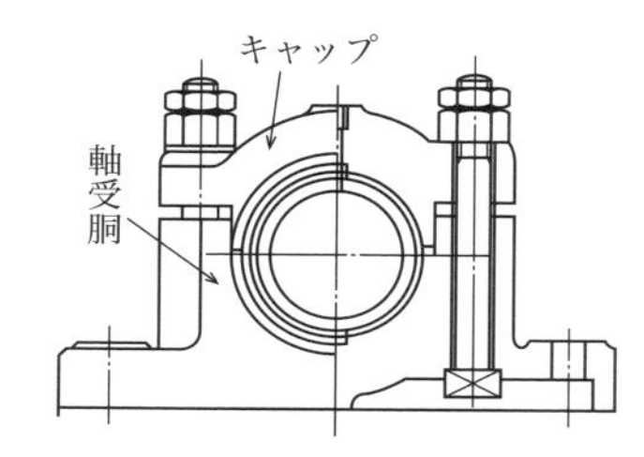

（a） ペデスタル軸受

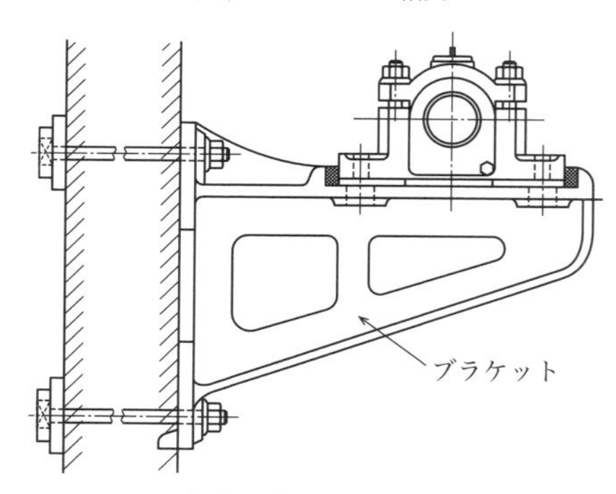

（b） ブラケット軸受

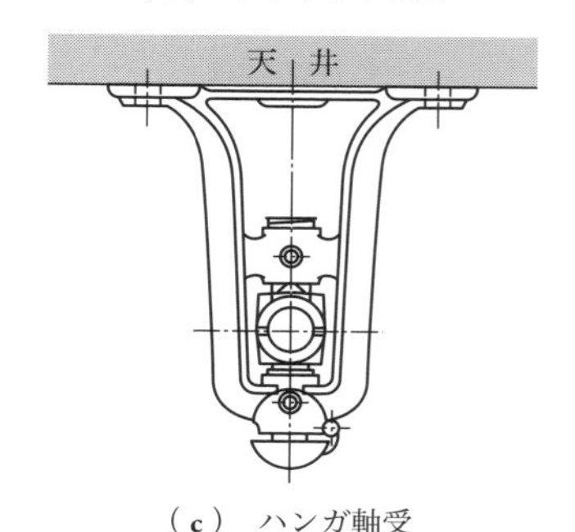

（c） ハンガ軸受

図3·7 大型の軸受

は，軸受胴，キャップ，軸受金，ボルトからできていて，軸受金は強さをもたせるために裏金を用い，これに軸受金を鋳込んだものが用いられている．このように，大型で複雑な形状の平軸受には，これを取り付ける方法によって，次のような種類のものがある．

① **ペデスタル軸受**（Pedestal bearing） 図 **3·7**(**a**)のような形状のもので，プランマブロック軸受ともいい，直立して取り付けられるものである．

② **ブラケット軸受**（Bracket bearing） 同図(**b**)はブラケット軸受といって，壁にブラケット（腕金）を取り付け，これに軸受を取り付けるようにしたものである．

③ **ハンガ軸受**（Hanger bearing） 同図(**c**)に示すように，天井からぶら下げるようにしたものをハンガ軸受という．

2. スラスト軸受

スラスト軸受（Thrust bearing）には，次のようないくつかの種類がある．

（**1**） **立て軸受** これはピボット軸受ともいい，垂直軸の底部を受ける軸受で，軸方向の力を支える．軸受の下端は，平または皿形にして，青銅・銅などの円盤で受ける（図 **3·8**）．

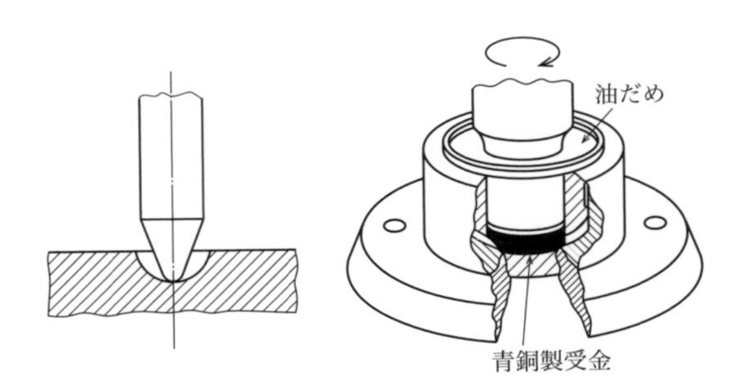

図 3·8 立て軸受

ピボット軸受は計測器などの精密軸受によく用いられる．荷重により永久変形を生じない限り，先端の半径は小さいほうが摩擦は小さくてよい．先端は鋼でできており，これに焼き入れ*をしたものである．

軸のほうを，円すい状に先をとがらせたもの，すなわちピボットにしたものと，軸のほうをくぼませて受け部をとがらせたものとがある．

また，すきまを調整できるように，受け部にねじを切ったものもある．時計などには，受け部にルビー，サファイヤ，メノウなどの宝石を使ったものがよく用いられる．この軸受は，時計油などを与えると耐摩耗性が大きくなる．

---

* 高温に加熱した材料を急冷して，材料のかたさを大きくする操作を焼き入れという．

宝石ピボット軸受に似たものに，宝石ほぞ軸受がある（図 3･9）．これには宝石の穴石に軸のほぞをはめ込んだものを，穴だけで受けているものと，穴石と受け皿の両方で受けているものとがある．

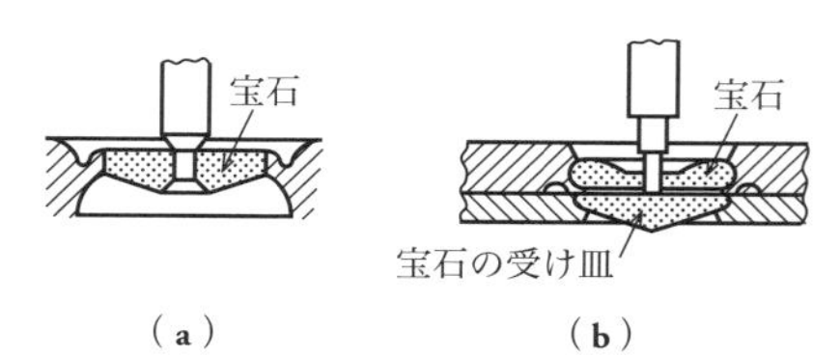

図 3･9　宝石ほぞ軸受

（2）　**ミッチェル軸受**　図 3･10 に示すように，スラスト（推力）を受ける面を数個の扇形片に分割したものであって，各片がわずかに揺動することができるようにしてあるので，軸と軸受の間に油が入りやすくなり，潤滑状態が良好になる．これは船舶に多く用いられている．

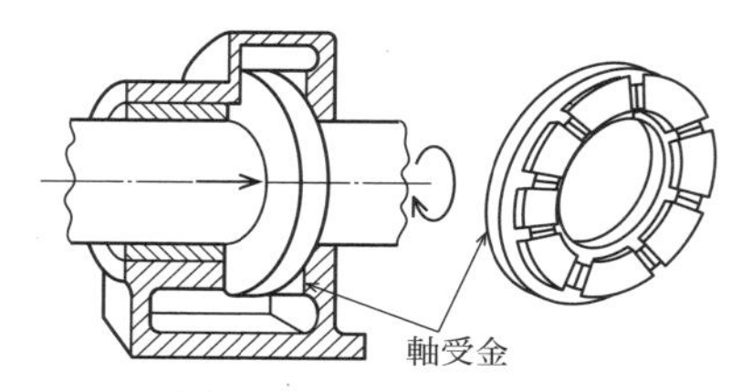

図 3･10　ミッチェル軸受

（3）　**つば軸受**　図 3･11 に示すようなもので，軸につば（Co11ar）を付け，軸受には，このつばのはまる溝を設けて，つばの側面でスラストを支えるものである．

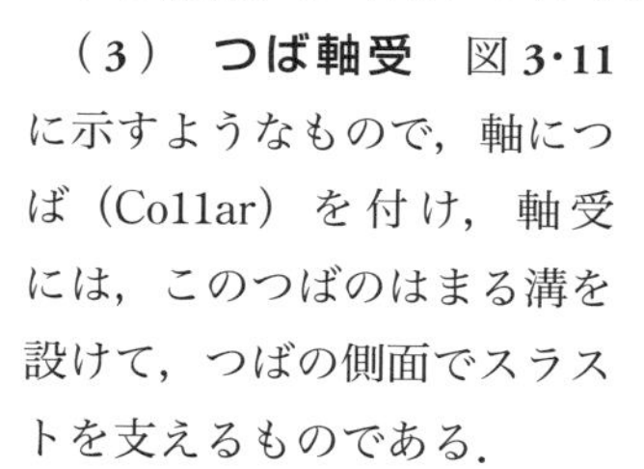
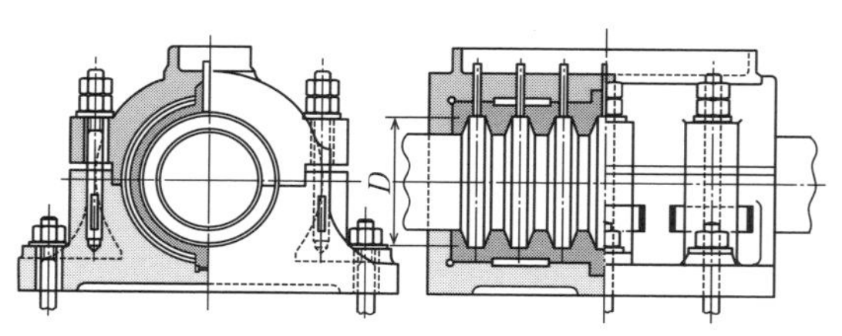

図 3･11　つば軸受

3.　軸受の潤滑

軸と軸受のように，2 つ以上の部品がたがいに接触して運動する場合，そこに摩擦が起こり，伝える力の何割かが失われ，また部品が摩耗し，その程度が激しい場合には，摩擦による発熱のために焼き付いたりする．このようなことを防ぐために，その間に油を注いで，接触面の間に油の膜を形成させ，金属と金属が直接接触せず，金属・油膜・金属という接触にする（図 3･12）．

このようにすれば，部品が直接接触している状態より著しく摩擦を減らすことができる．これを**潤滑**(Lubrication) といい，油のように摩擦を防ぐ材料を**減摩剤**（Lubricant）という．軸受の給油法には，次のような方法がある．

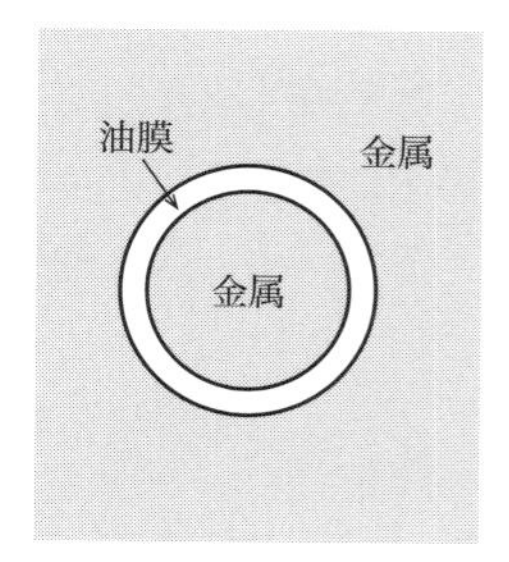

図 3･12　潤滑

（1）　**滴下給油法**　図 3･13 に示したようなオイルカップを軸受に装着し，常時，油が毛糸を伝わって滴下して軸受に給油する方法である．

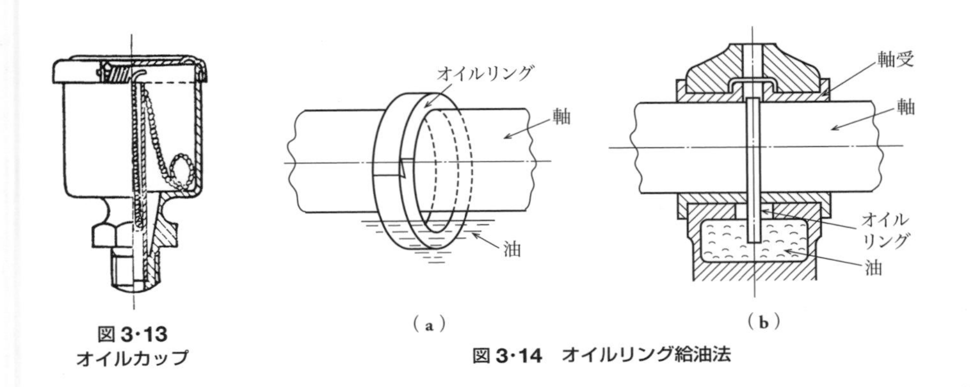

図 3·13
オイルカップ

図 3·14　オイルリング給油法

(2)　**オイルリング給油法**　図 **3·14** のように軸受の底部に油だまりを設け，軸にオイルリング（金属性の輪）をかけておき，軸の回転によりオイルリングが油だまりから軸受面に油をすくい上げるようにしたものである．

(3)　**圧送式給油法**　確実な給油を必要とするところでは，油送管を設け，オイルポンプによりオイルに圧力を与えて必要なか所まで送るもので，内燃機関のクランク軸受などに用いられる（図 **3·15**）．

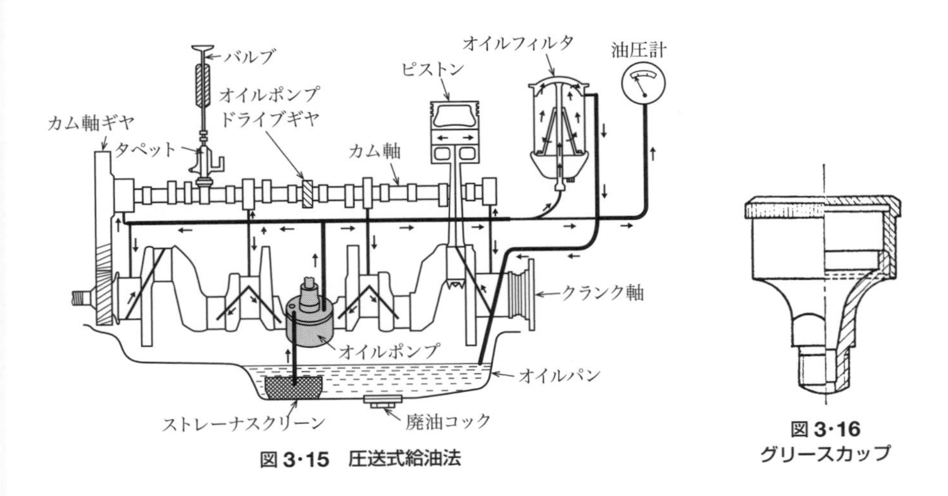

図 3·15　圧送式給油法

図 3·16
グリースカップ

(4)　**その他**　以上のほか，グリースカップやグリースニップルを用いて，油より粘度の高いグリースを補給する方法もある（図 **3·16**）．

4. 軸受部のすきま

軸と軸受のすきまが大きすぎると，油が流れ去り，また逆に小さすぎれば油膜を破壊して，ともに潤滑を妨げる．低速・大荷重の軸受の潤滑には，すきまを大きくして粘度の大きい油を用い，高速・小荷重の軸受の潤滑には，すきまを小さくして粘度の小さい油を用いる．

給油は，荷重の最小部の位置から給油して，軸の回転によるポンプ作用により，高圧部に向かって油が送られるようにするのがよく，このため油穴は，一般的に最大荷重の起こる反対側に設ける．荷重は図3·17に示すように，荷重のかかる方向に最大となり，これと直角方向が最小となる．軸受の長手方向の油圧の分布は，軸受中央部で最大となり，両端では圧力がゼロになって，ここから油が逃げて出る．

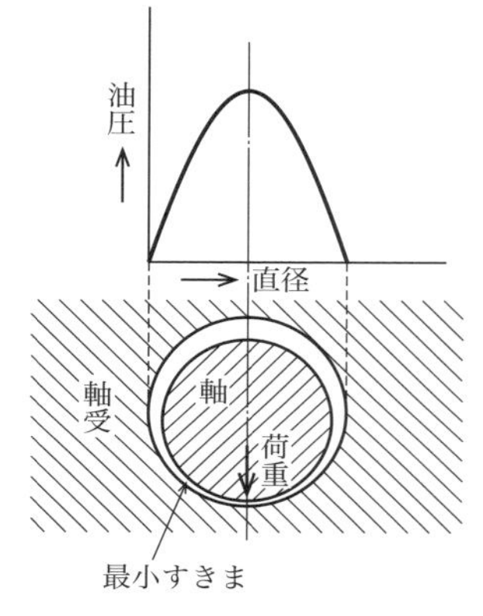

図3·17 軸受にかかる荷重

軸受面に油溝を切る場合には，すべり動く方向とほぼ直角方向に切り，なるべく最大荷重のかかる部分を避ける．溝の長さも軸受金の全体にわたらないほうがよい．これは，端末から油が流れ出るのを防ぐためである．高荷重のものでは負荷面積が減るので，多くは溝を設けない．

5. 転がり軸受

すべり軸受では，軸受面ですべり運動をしているので，摩擦抵抗が大きい．この面の間に玉やころを入れて，接触点で転がり運動だけを行ない，すべり運動のない接触をさせれば摩擦抵抗が小さくなる．このようにしたのが転がり軸受であって，軽快に回転することができる．この軸受は起動抵抗が小さく，速度が速くなるにしたがって，抵抗が大きくなっていくというようなことがないのが特長である．また，過熱するおそれも少ないから高速回転に適するが，取り付けに手間がかかり，材料は，特殊鋼を用いて，精密な仕上げをするので高価になる．

構造は，図3·18のように，外側の輪状の**外輪**（Outer race）に

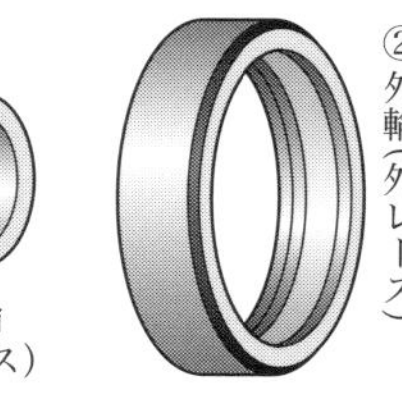

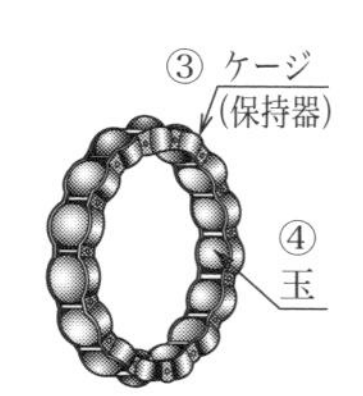

図3·18 転がり軸受

は内側に溝を設け，内側の輪状の**内輪**（Inner race）には外側に溝を設けて，この両者の溝部に玉やころを並べて差し込み，組み立てたものである．玉やころがたがいに接触したり，一方に片寄ったりしないように，多くのものは**保持器**（Cage）を用いている．

外輪を軸受部に固定し，内輪は回転軸に固定して，回転軸とともに回転するようにしてある．玉は内輪の回転によって，内外輪の間に転がりながら軸の周囲を回転する．玉の代わりにころを用いたものも同様な構造である．

玉やころには大きな力がかかるので，材料としては強さの大きい特殊鋼が用いられる．**JIS G 4805：2019** で高炭素クロム軸受鋼鋼材が定められている．

外輪を軸受室に多少ゆるめにはめ込むと，この軸受を軸方向にわずかに移動させることができるので，内外輪の中心を自動的に調整し，玉に側圧がかからないようになる．

転がり軸受には，次に示すような種類がある．

（1） **玉軸受**　これは図**3·19**～図**3·23**のような形状の軸受である．

このうち**ラジアル玉軸受**（Radial ball bearing）は，半径方向の力を受けるものであるが，多少スラストも支えることができるものである．

スラスト玉軸受（Thrust ball bearing）は，図**3·21**のように，軸方向に並んだ2つのレース（輪）の間に玉を入れ，一方のレースを軸に，他方のレースを軸受室に固定して，レースの面で玉を介してスラストを支える．

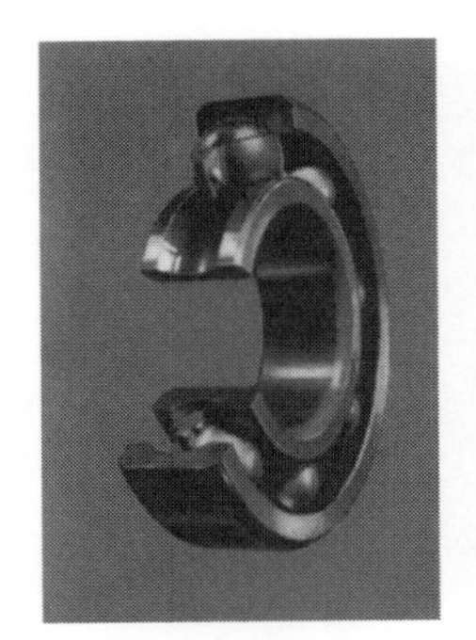

図3·19
単列深溝形玉軸受

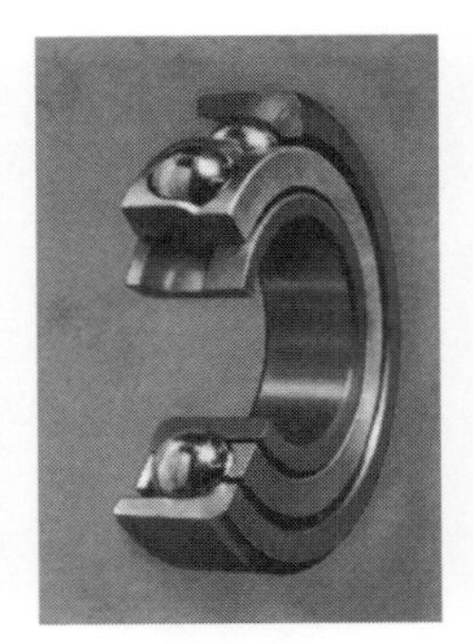

図3·20
アンギュラ形玉軸受

図3·21
スラスト玉軸受（単式）

また，3つのレースを用いて両側のレースを軸受室に，中央のレースを軸にそれぞれ固定し，その前後に各玉の1組を入れ，2方向どちらにもスラストを受けるこ

図 3・22
スラスト玉軸受(複式)

図 3・23
複列自動調心形玉軸受

図 3・24
円筒ころ軸受

とができるようにしたものもある（図 3・22）.

（2） **アダプタ付き玉軸受** 玉軸受は，構造上 2 つに分割して組み立てることができないので，長い軸の中央部に取り付けるような場合には，内径の大きいものを軸にはめて，これにアダプタとして円すい状のキーを用いて固定する.

（3） **ころ軸受**（Roller bearing） 玉軸受は玉が点で支えられて力を受けているので，軸を支える軸受の面（玉の表面）に，大きな圧力がかかる．ところが，玉の代わりにころを使用したころ軸受は，ころが線で支えられるので，王軸受に比べて大きな荷重に耐える（図 3・24 ～図 3・26）.

（4） **円すいころ軸受**（Taper roller bearing） 図 3・25 のように，テーパのついたころを用い，レースの面もテーパになっている軸受である．この形式のころ軸受は，スラストも支えることができる.

（5） **球面ころ軸受** 図 3・26 に示したのは，たる形をしたころを用いた球面こ

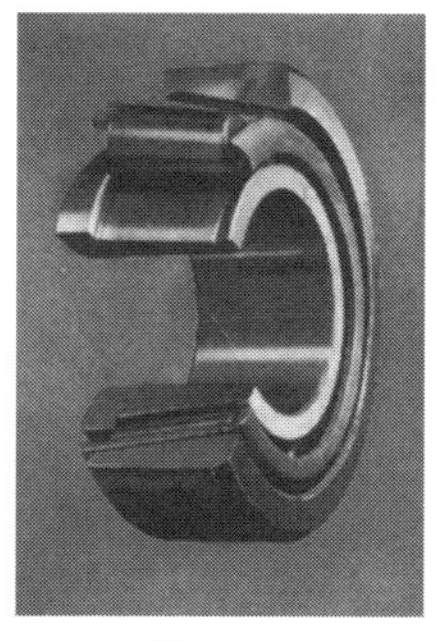

図 3・25
円すいころ軸受

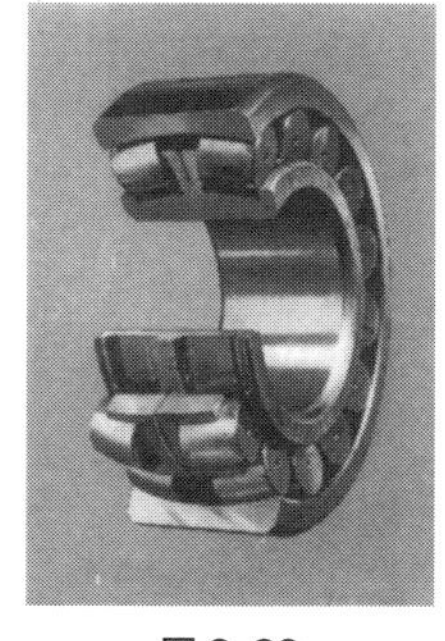

図 3・26
球面ころ軸受

図 3・27
針状ころ軸受

ろ軸受である．この軸受は，外輪の溝が円弧状になっているので，自動調心性があり，軸が多少振動してもさしつかえない．

（6） **針状ころ軸受**（Needle roller bearing） 図**3·27**に示すように，細長い針状ころを用いたものである．ころの直径が小さいので，外形を小さくすることができる．また，摩擦が小さいので，高速回転・大荷重用に適する．

（7） **ミニアチュア玉軸受** 外径9.525 mm（3/8インチ）以下の玉軸受をミニアチュア軸受といい，これは一般的な形のもののほかに，内輪がなく，軸を内輪の代わりにしたもの，ピボット式にしたものなどがある．これは，サーバ用冷却ファンや映像プロジェクタ用カラーホイールモータなどに用いられている（図**3·28**）．

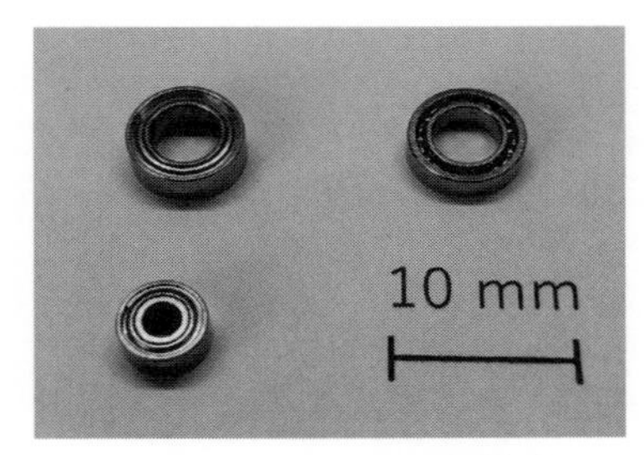

図**3·28** ミニアチュア玉軸受

6. 特殊な軸受

これには次のようなものがある．

（1） **プラスチック軸受** プラスチックの品質向上によって，軸受部が各種のプラスチック材料でつくられているものもある．テフロンなどもその1例である．

プラスチック材料の軸受としての特長は，摩擦が小さくて無潤滑で使用でき，軽量で，耐食性が大きく，工作が容易で安価なことであるが，熱に弱く，熱伝導率が不良で，熱による変形の大きいことが欠点である．

（2） **焼結含油軸受** 多孔質材料でつくった軸受に潤滑油を煮沸浸透吸収させた軸受で，材料としては鉄系，銅系，樹脂系などがある．

鉄系は電解鉄粉90～95%，銅系は電解銅粉85～90%で，残りはいずれも黒鉛，すず（Sn），鉛（Pb）などを少量加えたもので，樹脂系は樹脂粉末からつくり，いずれもこれらの粉末を圧縮し，高温に加熱して焼き固めたもので，このような操作を**焼結**という．

この焼結含油軸受は，熱伝導性はよくないが，無給油状態で使用できるので，給油しにくいところや油の入ることを嫌うところなどに用いるのに適している．

（3） **空気軸受** 潤滑材として空気を用いたものである．圧縮空気を軸受と軸とのすきまへ送り，適切な圧力で軸受の荷重を支えるものである．摩擦力が小さく，高速度用に適する．

（4）**センタ軸受**　ピボット軸受と同じような軸受で，軸端にくぼみをつくり，これを先端のとがったセンタで受けて横軸に用いるもので（図3･29），このセンタを調節するためにねじを切ったものもある．

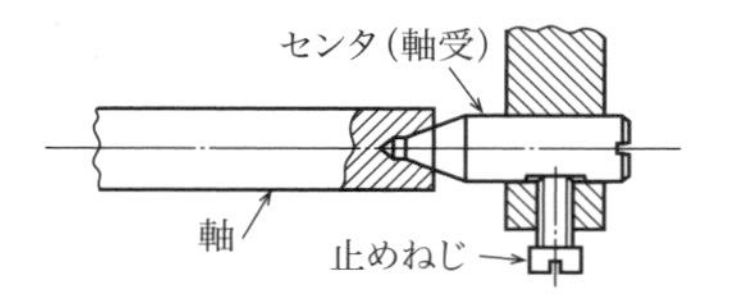

図3･29　センタ軸受

この軸受も軽荷重に用いられ，摩擦が小さいので軸が軽快に回転することができる．ミシンの各運動軸に，このタイプの軸受が用いられている．

（5）**磁気軸受**　これは，磁気による吸引力を用いてスラスト軸受とするもので，摩擦はほとんど問題にならない．したがって，非常に高速の回転に用いることができる．場合によっては，ラジアル軸受としても応用することができる．

（6）**密閉装置**　軸受内に水やほこりが入ると，軸受をいためたり，摩擦が大きくなったりするので，種々の密閉装置を施してこれを防止することがある．

7. 転がり軸受の略画法

図面中で転がり軸受を描く場合には，正確に表わす必要のない場合が多い．JISではその略画法を定め（JIS B 0005：1999），時間・労力を省くために，主要な形

簡略図示方法	適用（図例）	
	玉軸受	ころ軸受
	単列深溝ユニット用	単列円筒
	複列深溝	複列円筒
	自動調心	自動調心
	単列アンギュラ	単列円すい

（a）玉軸受およびころ軸受

簡略図示方法	適用（図例）
	ソリッド形針状
	複列ソリッド形針状

（b）針状ころ軸受

簡略図示方法	適用（図例）	
	玉軸受	ころ軸受
	単式スラスト	単式スラスト
	—	スラスト自動調心

（c）スラスト軸受

図3･30　転がり軸受の個別簡略図示方法（JIS B 0005-2：1999より抜粋）

状である外形だけを表わすのが望ましいとしている．

同 JIS の第 1 部では基本簡略図示方法が定められ，一般的な図示目的において，軸受の形状や荷重特性などを正確に示す必要がない場合に用いられる．また第 2 部では個別簡略図示方法が定められ，列数または調心など，転がり軸受をより詳細に示す場合に用いられる．

なお，誤解を避けるために，1 図面においては，基本簡略図示方法または個別簡略図示方法のどちらかだけを用いることを定めている．図 **3·30** に転がり軸受の個別簡略図示方法を示す．

3·3 摩擦車

2 つの離れた回転軸の間に回転を伝えるには，各種の方法があるが，次にそれらの主要なものについて説明する．

1. 摩擦円板車

まず簡単な場合として，2 軸が平行な場合を考えてみよう．この平行な 2 軸に，それぞれ 1 個の円板を図 **3·31** のように取り付けて，その円板の周縁を押し付けて接触させ，一方を回転させれば，他方は摩擦力によって他の円板の周縁上を転がって，回転運動をする．このようなものを**摩擦車**（Friction wheel）という．摩擦車は，図 **3·32** に示すようなプレスその他に用いられている．

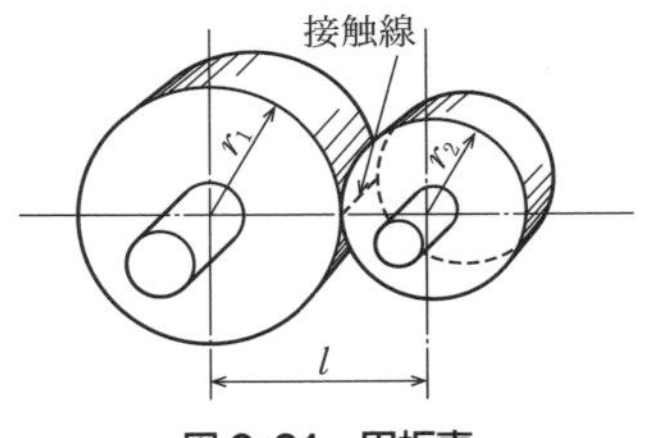

図 3·31　円板車

図 3·32　摩擦プレスの外観

摩擦力を大きくしてすべりを防ぐには，周縁に皮やファイバーなどを埋め込んだり，あるいは溝を付けて圧力を大きくしたりする（図 **3·33**）．

一般的に原車（運動を伝える側の車）のほうに皮などの材料を付け，従車（運動を伝えら

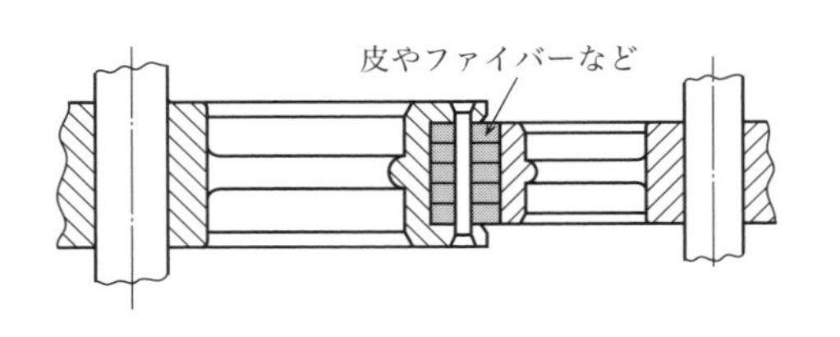

(a) 周縁に皮やファイバーなどを埋め込んだ摩擦車

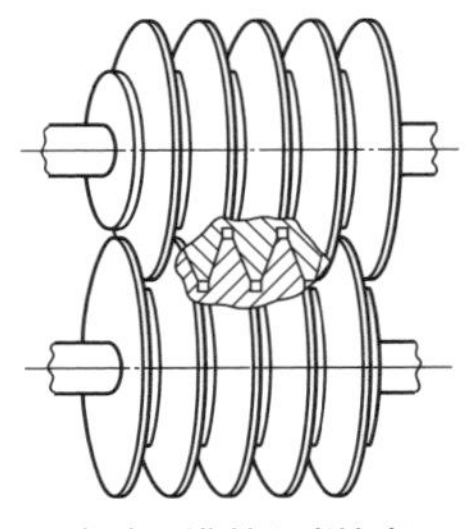

(b) 溝付き摩擦車

図 3・33 摩擦力を増大させた摩擦車

れる側の車）は鋳鉄のような硬質の車をそのまま用いる．溝付きの摩擦車は，押し付ける力が小さくても，溝部の圧力が大きくなるので，軸受荷重を減らすことができ，円筒形のものに比べると，2倍くらいの伝動の能力がある．この場合は，原車・従車ともに鋳鉄でつくる．

摩擦車は，大きな力を伝達することはできないが，その装置全体に急激な抵抗が加わったときに，車の接触面がすべって，装置に大きな衝撃を与えず破損を防ぐ．また，接触部を断続させることも，わずかに中心を移動させることによって，簡単に行なうことができるから，間欠的に運動の断続を行なう場合に便利である．したがって，これをクラッチに用いることもある．

図**3・34**に示したものは，モータバイクエンジンから，車輪に伝動するところに用いられるもので，ゴムホイールの摩擦車を使って，車輪のリムの内側にこれを接触させるものである．

これはクラッチとしても用いられているので，必要によって，レバー装置によりゴムホイールを車輪から引き離したり，接触させたりする．図**3・31**のように，2つの摩擦車がたがいに外面で接触していれば，その回転方向は反対となるが，図**3・34**のように，一方が他方の内側の面に接触していれば，回転方向は同方向となる．

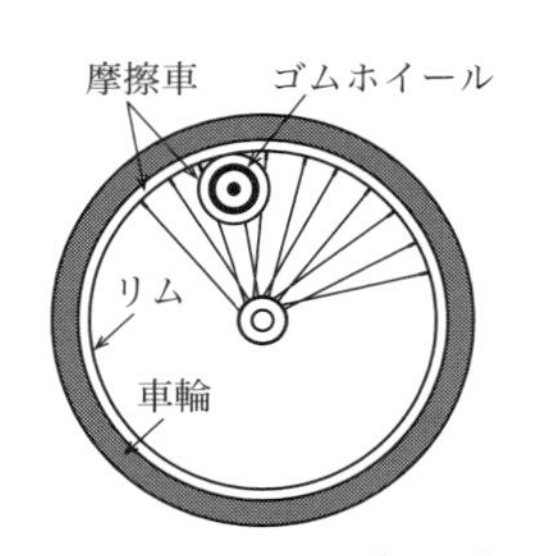

図 3・34 モータバイク摩擦車のクラッチ

円板車は一定の回転比を伝える場合に用いられるが，図**3・35**は2軸が直交する場合を示したもので，変速摩擦車という．これは，原軸の円板車と従軸の摩擦車の速度比をさまざまに変えて伝えるものである．

図のように，原軸に取り付けた摩擦円板の面に，従軸の摩擦車の周縁が接触してい

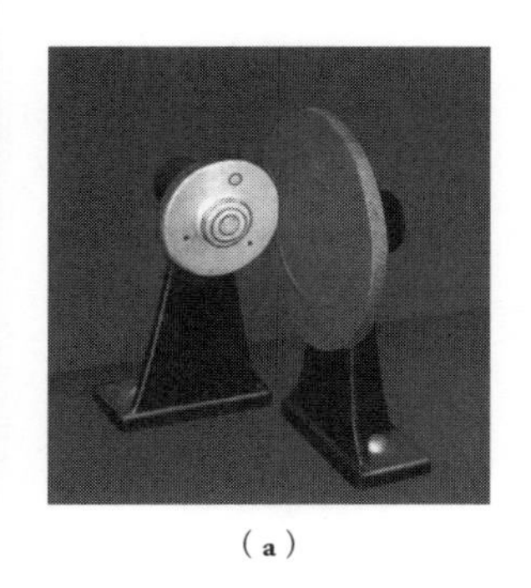

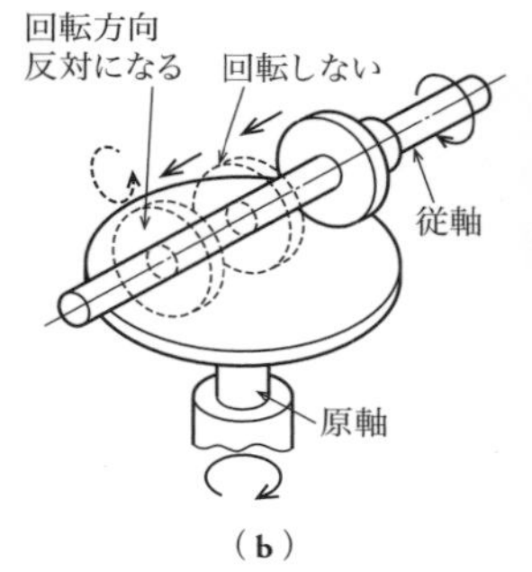

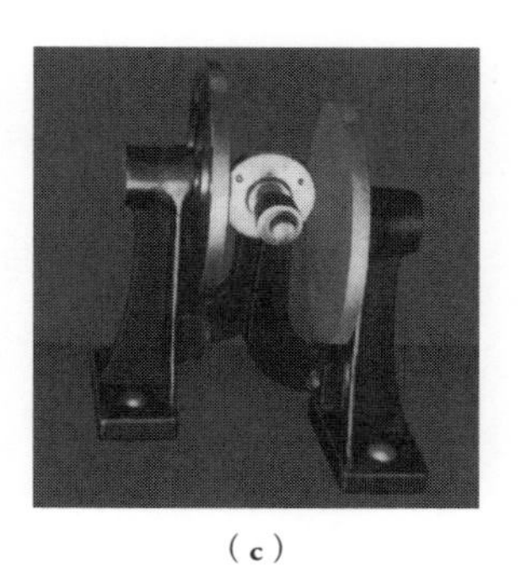

（a）　（b）　（c）

図 3・35　変速摩擦車

る．従軸の摩擦車を従軸の軸方向に移動させ，原軸の円板車の接触する位置を種々に変えることによって速度比を変えるものである．両軸の接触位置が，原軸の円板車の外周に近いほど従軸の摩擦車の回転は大きく，中央に近いほど小さくなる．

また，その接触位置が円板車の中心を境として左右に動くと，従軸の回転方向はそれぞれ反対になる．同図（c）は，伝動される 2 つの車の間に直角に小さな車を入れた変速機構である．

図 **3・36** は，摩擦プレス（図 **3・32**）にこの機構を応用した場合の作用を示したものである．

原軸 ① に 2 つの円板 ②，③ を取り付け，プレス軸には周囲に皮を張った摩擦車④ が付いている．プレスするときには，原軸をばね ⑤ に抗して左のほうに押すと，② と ④ が接触して ④ が回転する．

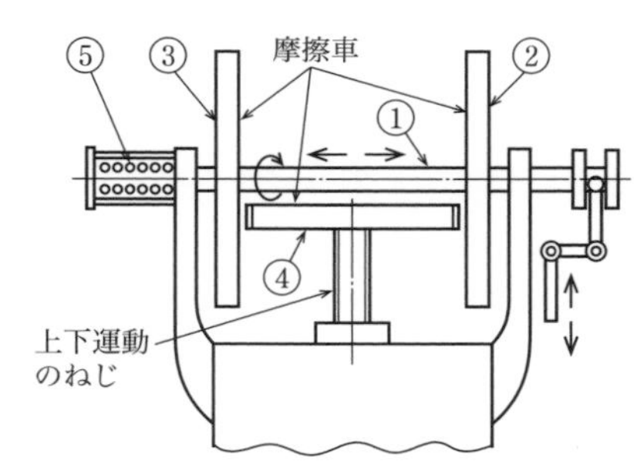

図 3・36　摩擦プレスの変速装置

プレス軸には，ねじが切ってあって，軸の回転にともない軸が下がり，それにしたがって，④ の周縁はだんだん円板②の外周に近いほうで接触するようになるのでプレス作業が早く進む．

復元は，ばね ⑤ で原軸を右に押して ④ と ② との接触を断ち，④ と ③ とを接触することによって行なう．

また，2 軸が平行な場合に変速をしたいときは，図 **3・37** のような円すい摩擦車を利用すればよい．

これは2つの円すい車をたがいに反対向きに並べ，両車の接触面の間に輪になった皮帯を挟んだもので，この皮を媒介として回転を伝える．この皮帯を左右に移動させれば，接触する2つの円すいの接触点の断面の直径の割合が変化し，それにともなって従車の速度が変化する．

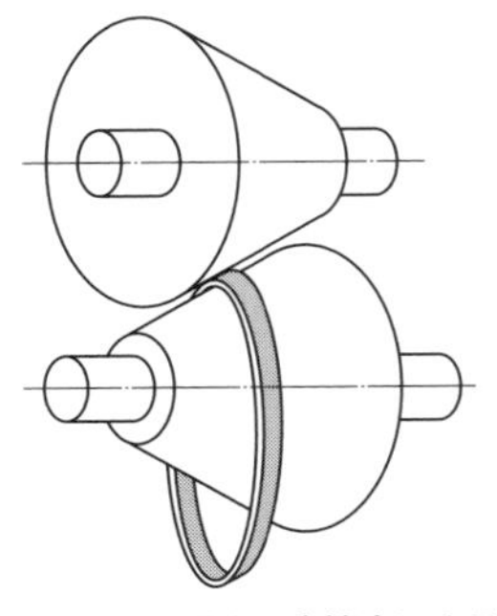

図 3·37 円すい摩擦車による変速装置

2. 傘車

2軸が交わっているときに，つねに一定の回転比で動力を伝えるには，図 **3·38** に示すような，2軸の交点を頂点とする2つの円すい面で接触する車を用いる．これを**傘車**（Bevel wheel）という．回転比は接触する部分の円，たとえば図 **3·38** の傘車の底の円の直径，または半径（r_1，r_2）に反比例する．

同図(**a**)は外接の場合を示したもので，回転方向は反対である．また，同図(**b**)は内接の場合を示したもので，回転方向は同方向である．

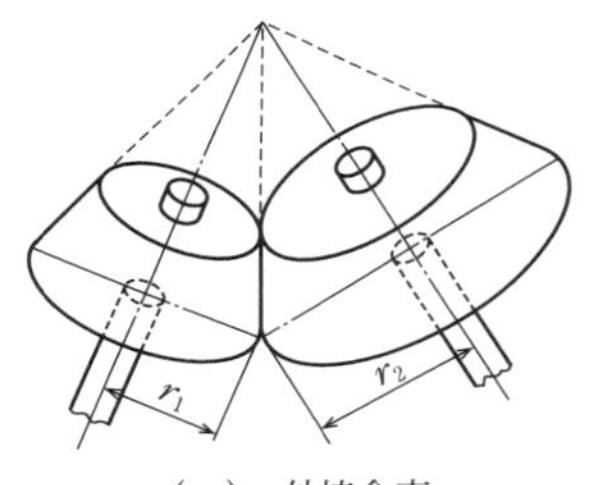

（**a**） 外接傘車

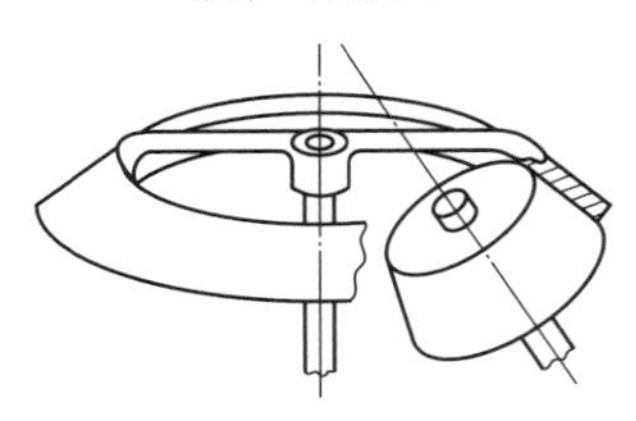

（**b**） 内接傘車

図 3·38 傘車

図 **3·39** は，傘車の応用例を示したものである．現在，日本でこの方式は，ほとんど見ることができないが，電気機関車やディーゼル機関車，蒸気機関車の転車台に応用された装置の1例である．

ターンテーブル（回転台）の下部に用いたもので，テーブルAの下方を円すい形にし，それに接して円すい形のころBを設け，下方の支持台Cも円すい形にしてころを支えている．テーブルの軸と，ころの軸とは，傘車によって転がり接触をしながら回転を伝えている．

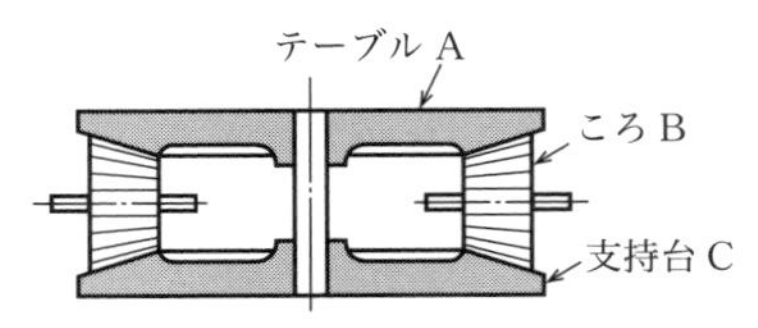

図 3·39 ターンテーブル

3. スキュー車（食い違い軸車）

2軸が平行でもなく交わりもしない場合に回転を伝えるには，スキュー車が用いられる．

図 **3·40** に示すように，軸の両端に直径の等しい円板を付けて，2つの円板の周

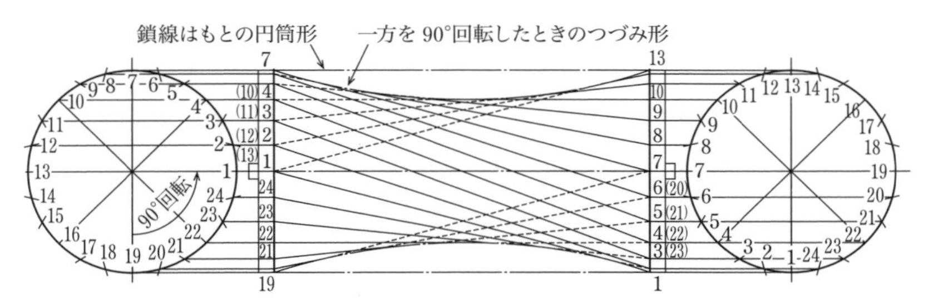

図 3・40　スキュー車のつづみ車形

縁から周縁に，軸に平行な無数の糸を張り，一方の円板を軸に固定して，他の円板を軸の周囲に回すと，つづみ形ができる．これが**スキュー車**（Skew wheel）である．

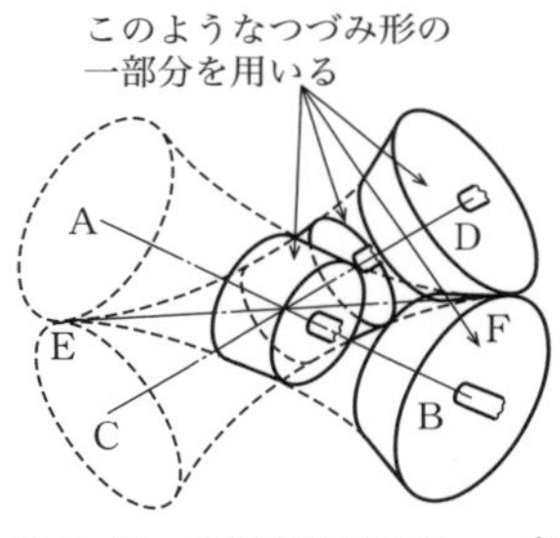

図 3・41　実用されるスキュー車

図 3・41 のように，1 つのスキュー車に対し，軸 AB と傾いてはいるが，交わらない他の軸 CD に，AB 軸の周囲の糸で軸 CD に一番近い糸（EF）を，その軸 CD に対する傾きのまま軸 CD の周囲に回すと，いま 1 つのスキュー車ができる．このような 1 組のスキュー車は，1 本の線で接触して転がりながら回転を伝える．

実際に使われるスキュー車には，このようなつづみ形の一部分を取って用いる．スキュー車の回転比は，各車の半径と，接触線と軸の間の角度とによって定まる．

4.　速度比の一定でない転がり伝動車

原車と従車の 1 回転中の速度比が一定でなく，刻々と変化している場合には，回転中心から接触点までの半径の比が始終変わっている．したがって，そのときの両車には円形でない種々の外形の車を用いる．

転がり接触で伝動する 2 つの車の接触点は，理論的にはその両車の中心を結ぶ線上になければならない．したがって，各車の回転中心から接触点までの半径の和は，つねに一定で中心距離に等しい．それによって一方の車の半径が大きくなれば，他方の車のそれに対応した部分の半径は小さくなる．

このような車は，原車の半径が増加する部分では，両者がすべることなく積極的に回転を伝えることができるが，それ以外の部分では回転を伝えることはできない．原車の回転を伝えることができない部分が従車に接触しているときには，逆に従車のほうから原車のほうに運動が伝えられるようになっているのがふつうである．

図 3·42（a）は，木の葉車といって，半周を1つの対数渦巻き線という曲線で形づくり，他の半分をこれと対称形にした車である．また同図（b）は楕円形の車であって，ともに前述のように半回転の間だけ回転を伝え，他の半回転は惰性で接触しながら回る．そして，回転中に始終速度比は変わるが，原車の1回転で従車はつねに1回転するようになっている．

この種の伝動車には，このほかに，双曲線，放物線などという特殊な曲線を輪郭として利用する車もある．

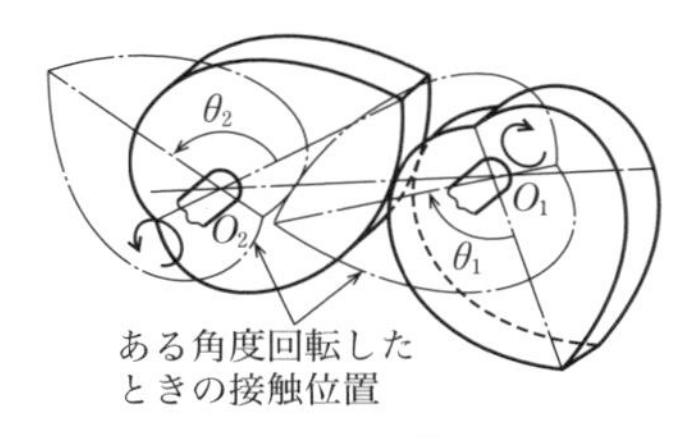

（a） 木の葉車

（b） 楕円車

図 3·42　木の葉車と楕円車

3·4　巻き掛け伝動装置

伝動する2つの軸間距離が大きいときは，摩擦車を用いようとすれば，非常に大きい直径のものを用いるか，あるいは2軸間に中間軸を何本か用い，これらにそれぞれ摩擦車を付けるかしなければならない．これでは不便であるので，このような場合には2軸に付けた円筒状の車をたがいに接触させずに，この車の間にたわみ性の繊維やゴム，薄鋼板などを用いたベルト，あるいは鎖やロープなどを巻き掛けて運動を伝える．これを**巻き掛け伝動**（Wrapping connector）という．

巻き掛け伝動は，摩擦車と同じような運動を伝えることができるが，摩擦車が車を直接接触させるのに対して，巻き掛け伝動は，ベルトやロープなどを使って，これを仲介として運動を伝えるという違いがある．ベルトやロープは，車との間の摩擦力で運動を伝え，鎖は一般に鎖歯車の歯に鎖の環を引掛けて伝動を行なう．

1.　ベルト

（1）　**ベルト伝動**　ベルトは，皮，木綿，麻織物，ゴム，鋼などでつくり，一般的に帯状のものを環状にし，軸に取り付けたベルト車（プーリ）に掛けて運動を伝える．

図**3·43**(**a**)は**平行掛け**(Open belt，オープンベルト)と呼ぶ巻き掛けの方法を示すが，2軸の回転方向は同方向である．また，同図(**b**)は**十字掛け**(Cross belt，クロスベルト)という方法を示したもので，回転方向はたがいに反対である．

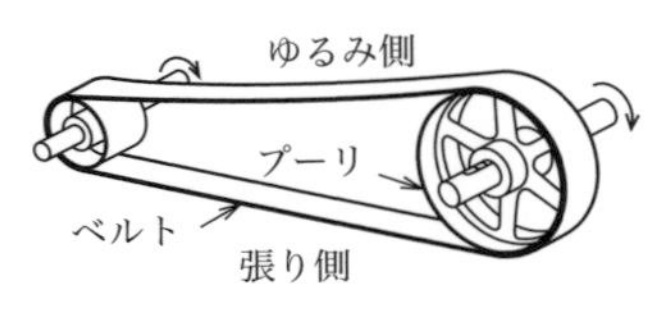

(**a**) 平行掛け

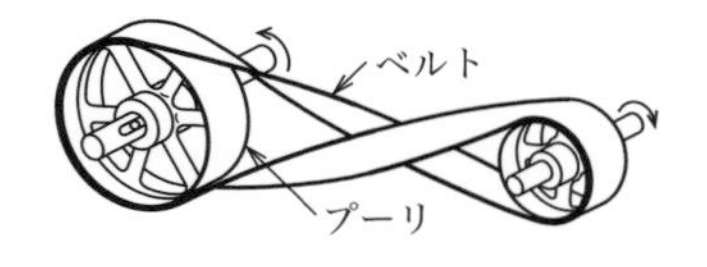

(**b**) 十字掛け

図3·43 ベルトの掛け方

(**2**) **ベルト伝動装置の速度比** 原動および従動のベルト車の直径をそれぞれD_1，D_2とし，回転速度をn_1，n_2，ベルトの厚さをtとして，ベルトが伸び縮みせず，かつベルト車との間にすべりがないものとすれば(図**3·44**)，ベルトの厚さの中央の速度を考えるとき，次の式が成り立つ．

$$速度比 \frac{n_2}{n_1} = \frac{D_1 + t}{D_2 + t}$$

ベルトの厚さtは，ベルト車の直径D_1，D_2に比べて非常に小さくて，これを省略しても大きな誤差はない．そこで，これを省略すれば次式となる．

$$速度比 \frac{n_2}{n_1} = \frac{D_1}{D_2}$$

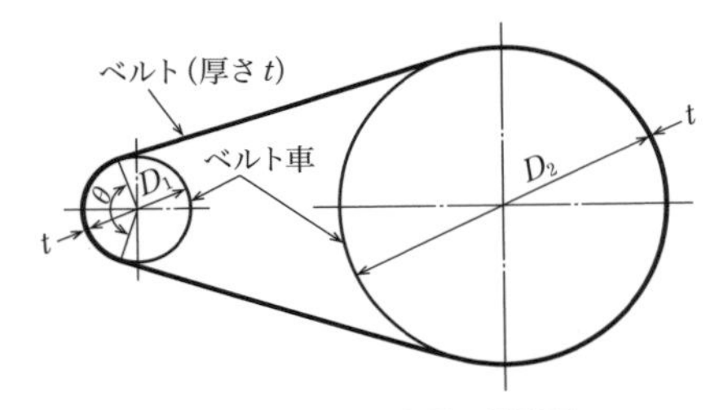

図3·44 ベルト伝動の速度比

通常，ベルトとベルト車との間には，2〜3%のすべりがあるから，従軸の回転は，この式で計算した速度より，2〜3%小さくなる．

ベルト車による伝動は，車とベルトとの摩擦によるものであるから，ベルト車とベルトの接触面が小さくなると，摩擦力は小さくなってすべりが大きくなり，伝動は不確実となる．また，2つのベルト車の速度比が大きくなると両車の直径の差が大きくなり，小さいほうのベルト車に接触しているベルトの部分が短くなって，その接触面が少なくなる．このことは，両車間の距離が小さいときほど大きい．そのため，両ベルト車の速度比は，6：1ぐらいが限度とされている．

(**3**) **ベルト車**(Belt pulley，プーリ) 一般的な形状は，図**3·45**のようなもので，**リム**(Rim)という輪状部と，これを支える**アーム**(Arm)あるいは円板，および

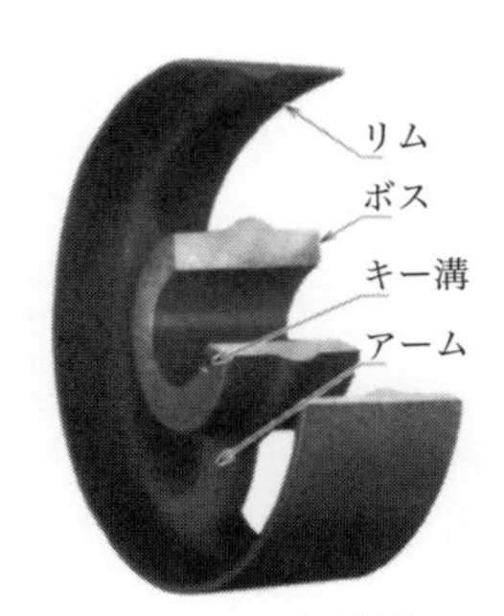

図3·45 ベルト車
(プーリ)

ボス（Boss，Hub，**ハブ**）からできている．

リムの外面は，ベルトが外れないように中高にしてあるが，十字掛けで両軸が直交するときは中高にしない．直径は，あまり小さいとすべりやすく，伝動能力が悪くなり，ベルトも傷つく．たとえば，厚さ 4 mm のベルトでは，直径 60 mm 以上が必要である．

ベルト車は鋳鉄製が多く，高速のものは軽合金・鋼板などでつくる．ボス部を軸に固定するには，小型のものは止めねじで止めることもあるが，キーを用いるのが一般的である．長い軸の途中に付ける場合や，大型のベルト車の場合には割りベルト車を用い，軸にはボルトで締め付けて取り付ける．

（4）**ベルトの回転方向と掛け方** 平行な 2 軸の間にベルトを掛けるとき，図**3·46** のように，回転方向が同方向の場合には平行掛け，反対方向の場合には十字掛けにする．

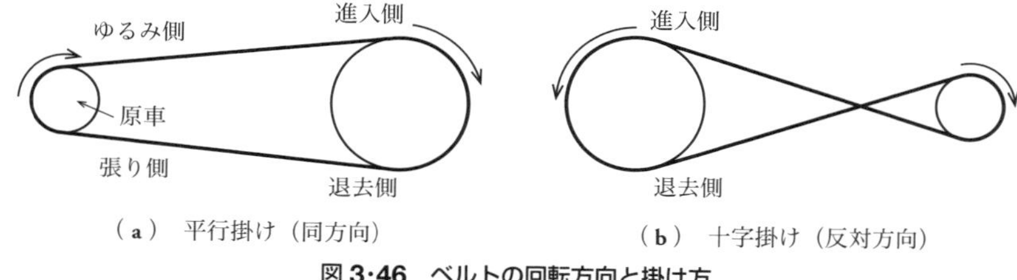

（a）平行掛け（同方向）　（b）十字掛け（反対方向）

図 3·46 ベルトの回転方向と掛け方

ベルトがベルト車に巻き込まれていく側を，ベルト車の**進入側**といい，出ていく側を**退去側**という．原車の進入側は引張られて大きな張力を受けるのでこれを**張り側**ともいい，原車の退去側はゆるんでいるので，これを**ゆるみ側**ともいう．

平行掛けの場合には，張り側を下方に，ゆるみ側を上方にして掛ける．こうすれば，ゆるみ側が上方でたるむため，ベルトがベルト車に接する面が多くなって摩擦力が大きくなるからである．これを反対にすれば，下方のゆるみ側がたるんで，ベルト車に接する面が少なくなる．

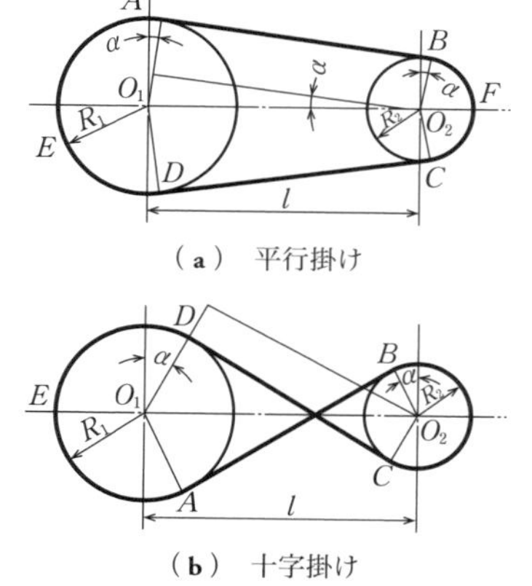

（a）平行掛け　（b）十字掛け

図 3·47 ベルトの長さ

（5） **ベルトの長さ**　ベルトの長さを決めるには，図 3·47 のような図を描いて幾何学的に計算することもできるが，糸を 2 つのベルト車に掛けて，その糸の長さを測ればよい．また，ベルトを両ベルト車の間に実際に掛けてみて，適切な長さに切って継手で両端を継ぐ．

2. V ベルト伝動

V ベルト（V belt）は，V 字形の断面を有する環状のロープで，糸，布をゴムの中に入り込ませてつくられる．これを，V 字溝を有する **V プーリ**（V pulley）の間に掛け渡して伝動する．V ベルトは側面でプーリの溝に接触するので，ベルト車との摩擦が有効にはたらき，割合に小さい張力で大きなトルクを伝えることができる．また衝撃が少なく，回転が静かであるという特長がある．V ベルトは必要に応じて数本を並べて用いることもできる．

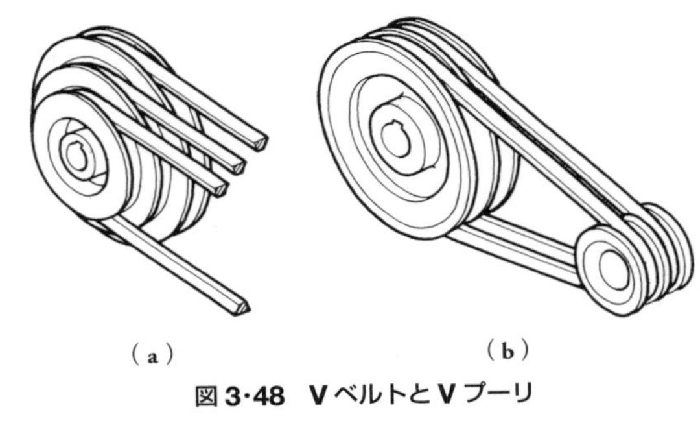

図 3·48　V ベルトと V プーリ

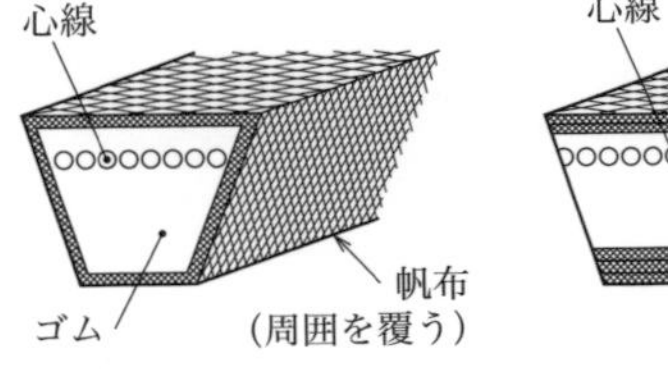

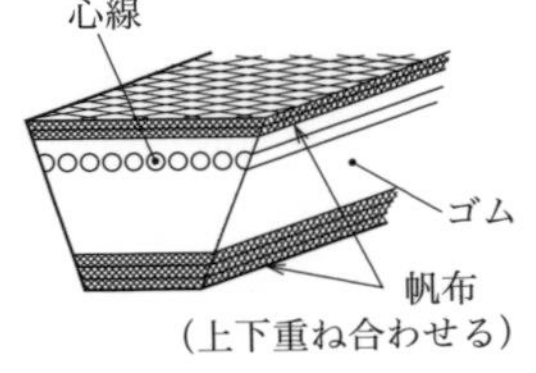

図 3·49　V ベルトの断面

JIS は表 3·1 のように標準形 V ベルトを規定している．台形角 α_b は 40°であるが，V ベルトがプーリに巻きつくとき，わん曲によってベルトの下側がふくらみ，

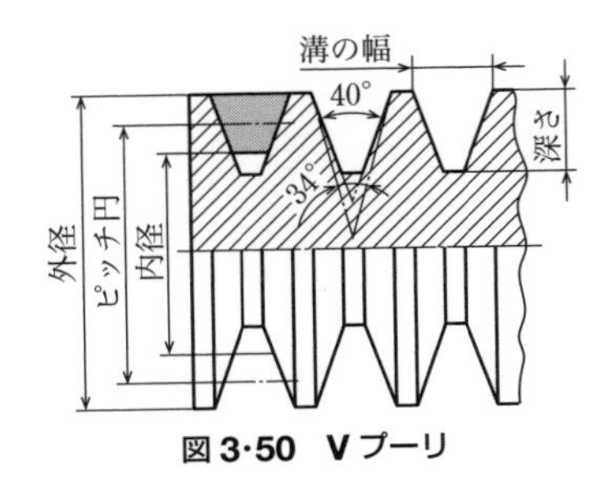

図 3·50　V プーリ

表 3·1　V ベルトの形別と寸法（JIS K 6323：2008）

形	b_t (mm)	h (mm)	α_b (度)
M	10.0	05.5	40
A	12.5	09.0	40
B	16.5	11.0	40
C	22.0	14.0	40
D	31.5	19.0	40

α_b が小さくなるため，プーリのV字溝の角度もこれにあわせて小さくする．

なおJISは，上記の標準形Vベルトのほかに，これより幅が細く，厚みが大きい細幅Vベルトを規定している．これは幅が細いため多本掛けのとき有利で，寿命も長く高速回転に適するなどの特長があるため，広く用いられている．

表3・2　細幅Vベルトの種類（JIS K 6368：1999）

種類	b_t (mm)	h (mm)	α_b (度)
3V	9.5	8.0	40
5V	16.0	13.5	40
8V	25.5	23.0	40

細幅Vベルトには，表**3・2**に示すように3種類の太さのものが定められている．

3.　歯付きベルト伝動

これは平ベルトの内側に40°の台形角をもつ突起を同一ピッチで設け，これにかみ合う凹凸をもったプーリ間に掛け渡して伝動を行なうものである（図**3・51**）．かみ合い伝動のため，すべりや速度変化がなく，装置が小型で軽量であり，回転が静かであるという特長を有している．

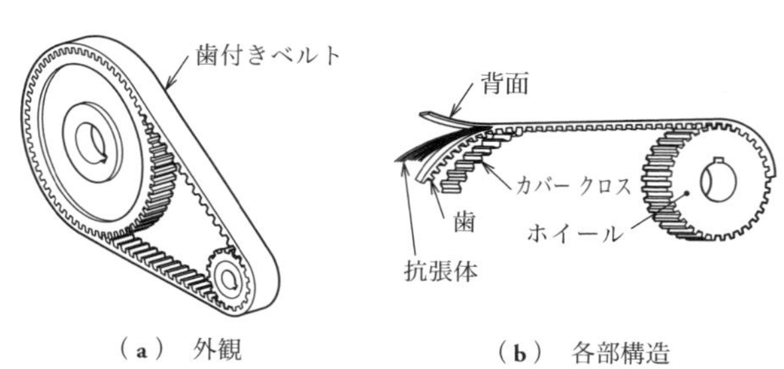

（**a**）　外観　　（**b**）　各部構造

図3・51　歯付きベルト

4.　チェーン伝動

ベルトやロープでは，摩擦力で運動が伝達されるから，すべりを生じて伝動が不確実である．したがって確実に回転を伝えるには，スプロケットとチェーンが用いられる．

チェーンにはいくつかの種類のものがあるが，伝動用としてもっとも一般に用いられるのは，ローラチェーンとサイレントチェーンである．

（**1**）　**ローラチェーン**（Roller chain）　図**3・52**(**a**)に示すように，ピンリンクとローラリンクを順次組み合わせ，輪状にしたものである．同図(**b**)は，これにかみ合うスプロケットを示す．

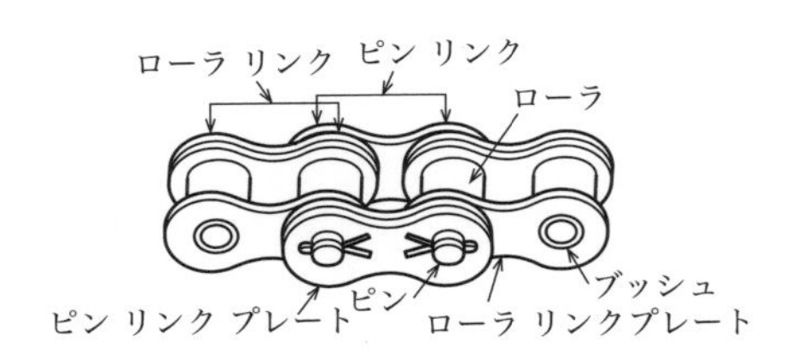

（a） 外観

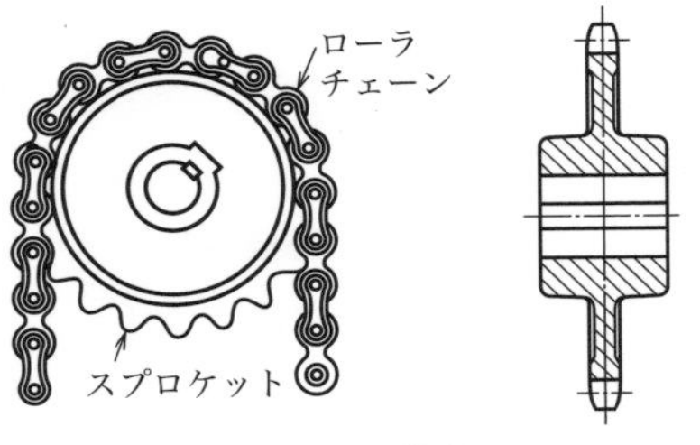

（b） 各部構造

図 3·52 ローラチェーンとスプロケット

ローラチェーンは，2 軸間の距離があまり長いとたるみを生じるので，この距離はチェーンのピッチの 30 ～ 80 倍程度とするのが一般的である．

（2） **サイレントチェーン**（Silent chain） 上述のローラチェーンでは，使用中の摩耗のため，かみ合いが不正確になることがあり，騒音も多い．この欠点を防ぐために，図 **3·53**（**a**）のような形のサイレントチェーンを用いる．

これは同図（**b**）のように，スプロケットの歯とかみ合うチェーンのピンやピン孔が摩耗して，ピッチが伸びてもチェーンは歯の先端のほうにずれ込むようになっているので，両者の間にすきまができず，騒音を発しない．これをサイレントチェーンという．

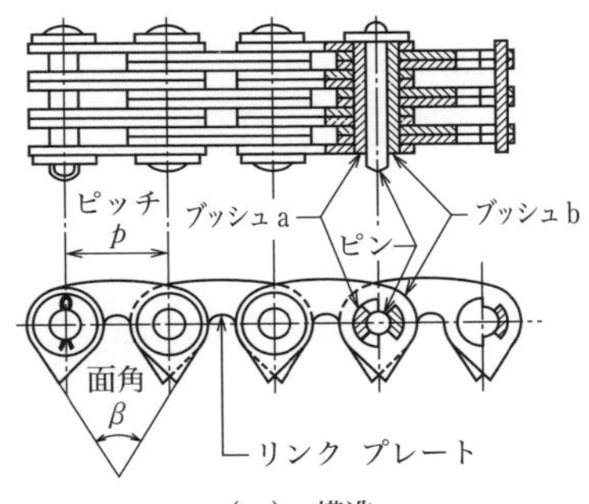

（a） 構造

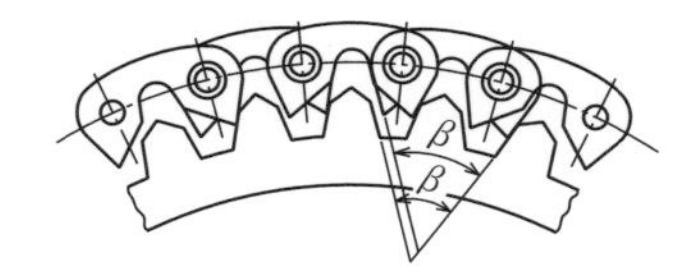

（b） かみ合い（ピッチが伸びたとき）

図 3·53 サイレントチェーン

5. ロープ伝動

（1） **ロープ**（Rope） ベルトの代わりにロープを用い，ベルト車を溝の付いたロープ車にしたものがロープ伝動装置である．大きな動力を伝える場合や，軸間の距離の大きいときに用いられる．

ロープはベルトのように伝動中に掛けはずしができず，また，切断したとき修理が困難であるという欠点はあるが，ロープ車とのすべりが少なく，伝動馬力は，ロープの本数を変えることによって，大きくも小さくもできるから便利である．

ロープには，ワイヤーロープが一般に用いられている．

（2） **ワイヤーロープ**（Wire rope） 鋼線をよってつくったもので，その構造は **JIS G 3525：2013** で定められている．

より合わせ方には**普通より**と**ラングより**がある．前者は図 **3･54**（**a**）のように，ストランド（子縄）のよりの方向がロープのよりの方向と反対になっているもので，後者はストランドとロープのよりの方向が同じものである〔同図（**b**）〕．

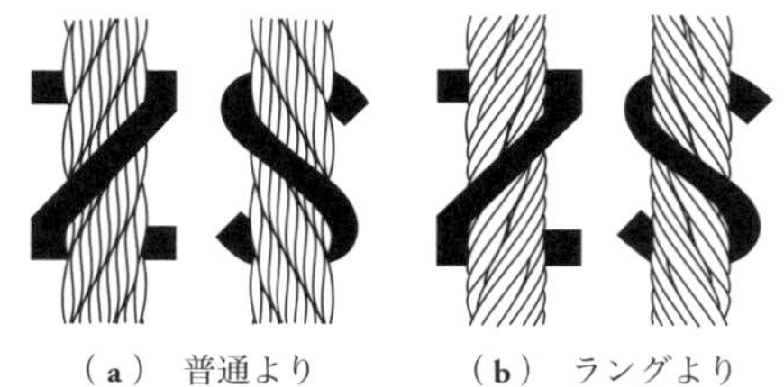
（a） 普通より　（b） ラングより

図 3･54 ワイヤーロープのより方

表 3･3 ワイヤーロープの断面および構成の例（JIS G 3525：2013 より抜粋）

号別	1号	2号*	3号	4号	5号*	6号
断面						
構成	7本線6より中心繊維	12本線6より中心および各ストランド中心繊維	19本線6より中心繊維	24本線6より中心および各ストランド中心繊維	30本線6より中心および各ストランド中心繊維	37本線6より中心繊維
構成記号	6×7	6×12	6×19	6×24	6×30	6×37

＊ 1998年の改正で廃止されたものを示す．

ワイヤーロープの構造・種別，およびそれぞれのおもな用途は，表 **3･3** に示すとおりである．

ワイヤーロープの太さは，外接円の直径で表わされる．ロープ車は図 **3･55** に示すような形状であり，V形の溝を設けてある．溝の底には木や皮やゴムなどを埋めてロープの損傷を防ぎ，摩擦を増しているものもある．

ロープ車の直径は，ワイヤーロープの直径の 50 ～ 100 倍くらいで，ロープ車間の距離は，最大は 150 m くらいまでで，50 ～ 100 m くらいが適切とされている．それ以上の距離になるときは，案内車を用いるほうがよい．ロープ伝動は，索道，鉱山機械，荷揚げ機械などによく用いられる．

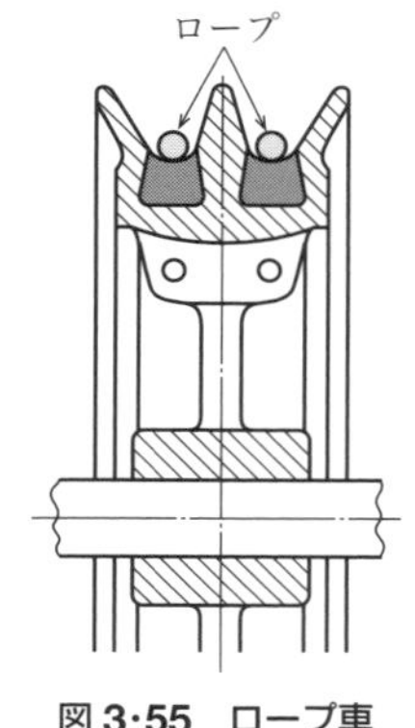

図 3･55 ロープ車

3·5 歯車

1. 歯車伝動

摩擦車のように，転がり接触によって摩擦力で運動を伝える場合には，伝える力が大きくなるか，伝えられる車の抵抗が大きくなって摩擦力に打ち勝つかすると，両者の接触面の間にすべりが起こり，正確な回転比で運動を伝えることができない．

確実に運動を伝えるには，この接触面に同一の間隔に山と溝とを設けて，これをかみ合わせれば，回転運動におけるすべりがまったくなくなって，確実に運動を伝えることができる．すなわち，両摩擦車の接触面を境として，その円周の外側に山を，内側に溝を，交互に設ければよい．この突起を**歯**（Tooth）といい，この車を**歯車**（Toothed gear または Toothed wheel）という．

（a） 歯車

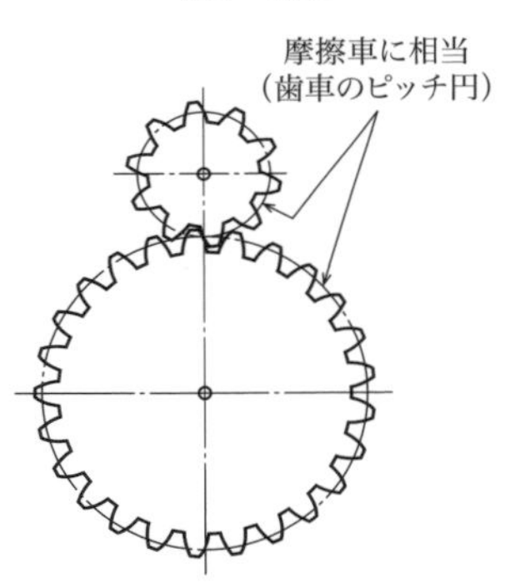

（b） 歯車対

図 3·56 歯車と歯車対

歯車は，歯面と歯面がたがいにすべりながら回転を伝えるものである．かみ合っている 1 対の歯車〔**歯車対**（Gear pair）〕の，転がり接触をしている仮想の面（摩擦車の接触面に相当する）を**ピッチ面**（Pitch surface）といい，一般にこのピッチ面は，軸に直角な断面では円となり，これを**ピッチ円**（Pitch circle）という（図 **3·56**）．そこで，歯車はこのピッチ円で転がり接触によって伝動すると考えてよい．

2. 歯車の各部の名称

歯車の各部の名称は，**JIS B 0102−1，−2：2013** に詳細に規定されている．その主要なものを次にあげて説明をしよう（図 **3·57** 参照）．

① **ピッチ円** 上に述べたとおりで，この円の転がり接触伝動は，歯車の伝動とまったく同等である．

歯車がラック（後述）と正しくかみ合うときに相当するピッチ円を**基準円**（Reference circle）といい，歯車の寸法を定める際の基準にされる．

② **（かみ合い）ピッチ**（Working pitch，Pitch） これは，相隣り合っている 2 つの歯の距離をピッチ円上の同じ関係位置において測った円弧の長さで，p の記号

で示される．

いま，ピッチ円の直径をd，歯数をzとし，（かみ合い）ピッチをpとすれば，次のように表わされる．

$$p = \frac{\pi d}{z}$$

③ **モジュール**（Module） 基準円の直径を歯数で割った値をモジュールといい，mの記号で表わす．これはドイツ式の歯形表示方法で，メートル法による歯車の歯形の大きさを表わす基準となる．いま，モジュールをmとすれば

$$m = \frac{d}{z}\left(=\frac{p}{\pi}\right)$$

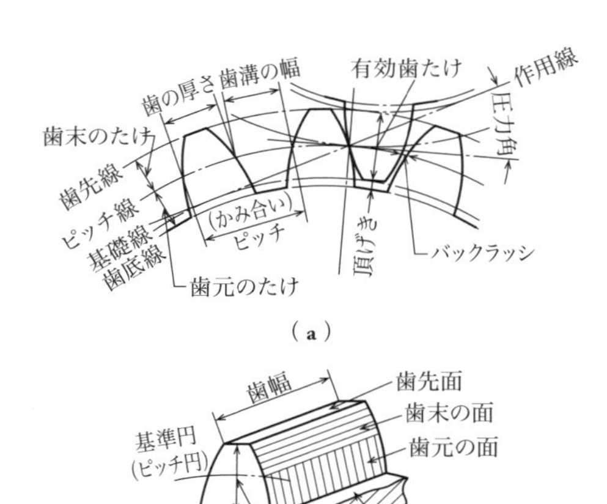

（a）

（b）

図 3·57 歯車各部の名称

④ **ダイヤメトラルピッチ**（Diametral pitch） モジュールの逆数をダイヤメトラルピッチという．これはインチ式の歯車の歯形の大きさを表わすのに用いられていて，Pの記号で表わされる．したがって，ダイヤメトラルピッチは，直径1インチ（25.4 mm）当たりの歯数ということになる．ダイヤメトラルピッチPは

$$P = \frac{z}{d}\ （d\text{は基準円の直径をインチで表わした数}）$$

かみ合う2つの歯車においては，（かみ合い）ピッチやモジュールあるいはダイヤメトラルピッチが必ず等しくなければ，正しいかみ合いを行なわない．

⑤ **圧力角**（Pressure angle） かみ合う歯車の歯の接触部において，2つの歯が押し合う力の方向を表わすものが圧力角である．圧力角は，この力の方向すなわち2つの歯の接触点における歯形曲線の共通接線に対して垂直な線と，基準円の接触点における共通接線との間の角度である（図 **3·57** 参照）．

JISではこの角度は20°であるが，従来は14.5°のものも使われていた．圧力角を20°とすると，歯元が厚くなって強くなる利点がある．

⑥ **歯先円**（Addendum circle） 歯の先を連ねた円である．

⑦ **歯元円**（Dedendum circle） 歯の底を連ねた円である．

⑧ **歯末のたけ**（Addendum） 歯の基準円から歯先円までの距離を歯末のたけ

という．

⑨　**歯元のたけ**（Dedendum）　歯の基準円から歯底円までの距離を歯元のたけ
という．

⑩　**全歯たけ**（Whole depth）　歯先と歯底の距離で，歯の全長である．歯末のたけと歯底のたけとの和に等しい．

⑪　**歯末の面**（Face）　歯末の部分の歯の面である．

⑫　**歯元の面**（Flank）　歯元の部分の歯の面である．

⑬　**頂げき**（Bottom Clearance）　1つの歯車の歯先円から，その歯車とかみ合うもう1つの歯車の歯底円までの共通中心線の距離を頂げきという．

⑭　**円弧歯厚**（Circular thickness）　歯の厚さを基準円上の弧の長さで表わしたものである．

⑮　**歯溝の幅**（Space width）　1つの歯溝の間にある基準円の長さである．

⑯　**バックラッシ**（Backlash）　1組の歯車をかみ合わせたときの，かみ合った歯車の歯面のピッチ円弧部の遊びをバックラッシという．

⑰　**歯幅**（Chordal thickness）　歯の軸方向の長さを歯幅という．

⑱　**リード**（Lead）　歯が斜めになっていたり，つる巻き線状になっていたりする場合に，ねじの場合と同様に，歯の線を軸の周囲に1回巻きつけたとき，その線が軸方向に進む長さをリードという．

3.　歯形

接触面を軸と直角の面で切ったときの線を**歯形曲線**という．歯形曲線には**インボリュート曲線**（Involute curve）と**サイクロイド曲線**（Cycloidal curve）の2種類があり，多くの歯車にはインボリュート曲線が用いられている．

（1）　**インボリュート歯形**（Involute tooth）　図**3・58**に示したように，固定された円筒に巻いた糸の端Pを引張りながら糸をほどいていくとき，そのPが描く曲線をインボリュート曲線という．この円筒の断面の円を**基礎円**という．また，この糸は，つねに端末の点において，このインボリュート曲線の接線に垂直である．

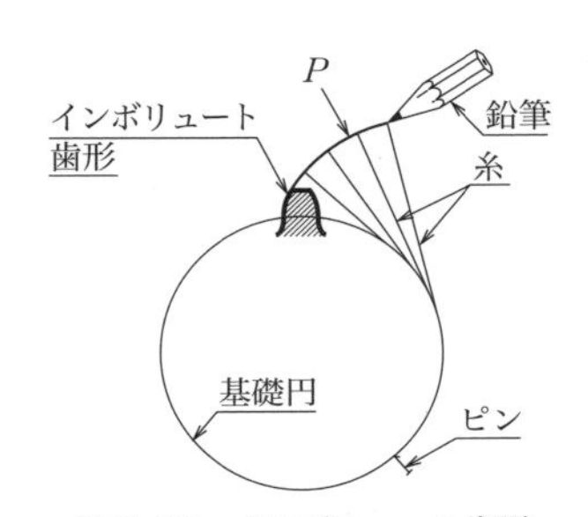

図 3・58　インボリュート歯形

（2）　**サイクロイド歯形**（Cycloidal tooth）　図**3・59**のように，1つの円Oの円周AB上を他の円O′が転がるとき，O′円の円周上のある1点Pが描く曲線をサイクロイド曲線という．この曲線を歯形に用いたものをサイクロイド歯形という．

図のように，転がり円（O′ 円）が基礎円（O 円）の外側を転がるとき描く曲線を**外サイクロイド曲線**（Epicycloid curve）といい，転がり円（O″ 円）が基礎円の内側を転がるとき描く曲線を**内サイクロイド曲線**（Hypocycloid curve）という．

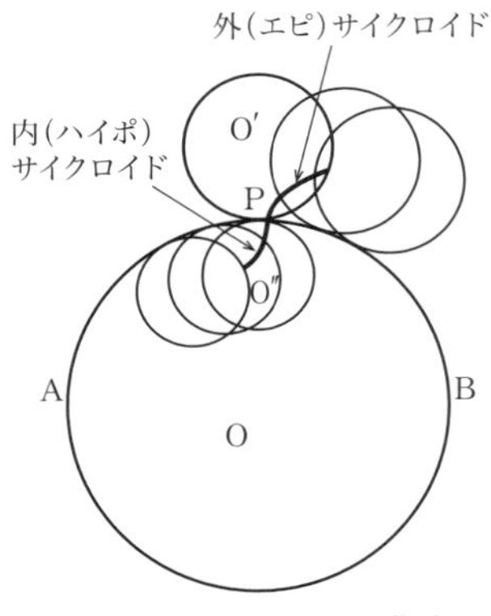

図 3·59 サイクロイド曲線

（3） インボリュート歯形とサイクロイド歯形の得失 インボリュート歯形とサイクロイド歯形について，それぞれの得失をあげれば，次のようである．

① インボリュート歯形は，かみ合わせる歯車の位置によってピッチ円が変わるので，取り付け位置中心が不正確であったり，摩滅のために距離が違っていたりしても正しくかみ合う．ただ，ピッチ円の位置（大きさ）が変わってくるだけである．

しかし，サイクロイド歯形では，歯形そのものにピッチ円の大きさが定まっているから，中心距離が違うとかみ合いが不正確になる．

② インボリュート歯形は，かみ合わせる歯車のピッチさえ等しければ，どんな歯数の歯車でもかみ合わせることができるが，サイクロイド歯形では，ピッチが同じでも，さらにたがいにかみ合う部分は転がり円の大きさの等しい歯形でなければ正確にかみ合わない．

③ 一般的に，インボリュート歯形のほうがサイクロイド歯形より歯が厚くて丈夫である．

④ サイクロイド歯形は上歯面と下歯面で曲線が変わるので，複雑で，製作に手数がかかる．

⑤ サイクロイド歯形のほうが軸受に起こる摩擦が小さい．

⑥ サイクロイド歯形のほうがすべりが小さく，潤滑油膜がよく保たれるので，摩擦も少ない．

以上のようにそれぞれ得失はあるが，現在ではインボリュート歯形のほうが一般に広く使用されている．

4. インボリュート歯車

（1） 基準ラック インボリュート曲線は，その基礎円の直径が無限大になると

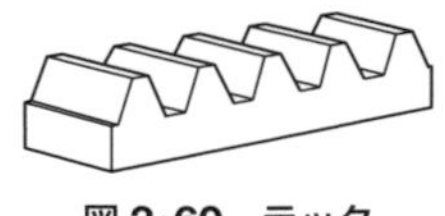
図 3·60 ラック

直線になる．したがって，直径無限大の歯車，すなわちラック歯形（図 **3·60**）は，圧力角だけの傾きをもった直線歯形になる．

インボリュート歯車では，同じインボリュート曲線を使用しているとはいっても，直径や歯数の異なる歯車では，それぞれ歯形が異なるので，JIS では上述のような歯数に無関係なラックの歯形を基準として，すべての歯車の形状および寸法の割合を規定している．

図 **3·61** は，JIS に定められたインボリュート歯形の基準となる**標準基準ラック歯形**を示したもので，図でわかるように，モジュールをもとにして寸法が決められている．また歯の傾斜角（圧力角）は 20°であり，基準ピッチ線にそって測った歯の厚さは，ピッチの 1/2 となるように規定してある．

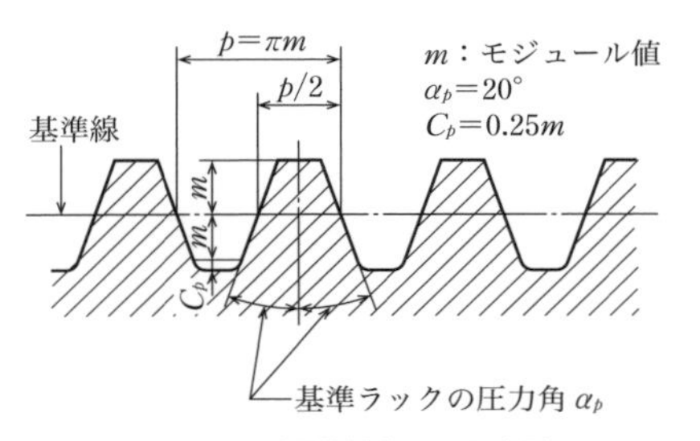

図 3·61 標準基準ラック歯形

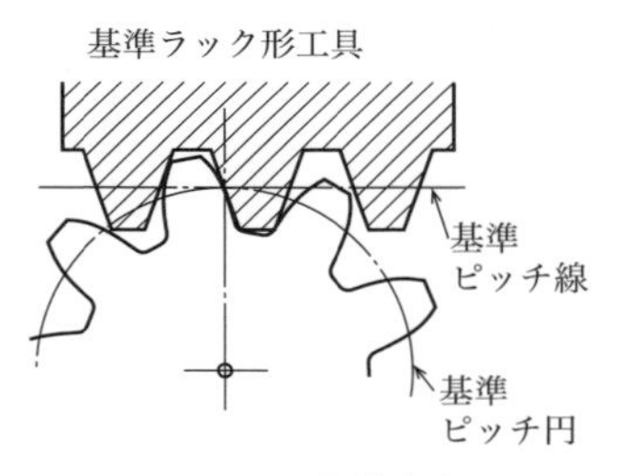

図 3·62 標準歯車

この基準ラックの形状をラック形工具（図 **3·62**）に与え，理想的な転がり接触をさせて創成した歯車は，インボリュート曲線をもつインボリュート歯車となる．このように，基準ラックの形を規定することにより，種々の直径や歯数のインボリュート歯車を製作できるのである．

（2） **標準歯車と転位歯車** 上述のような方法で得られたインボリュート歯車のうち，ラックの基準ピッチ線と，歯車の基準ピッチ円とが接するようにして，これを転がり接触させてつくった歯車を**標準歯車**（Standard gear，図 **3·62**）という．

ところが，このような標準歯車では，歯数が少なくなると，図 **3·63** に示すように，歯の根元のほうが切り下げ（アンダカット）を受けて，えぐりとられたような形になるので，歯が非常に弱くなり，正常なかみ合いが行なわれなくなる．

そこでこれを防ぐために，図 **3·64** のように，基準ラックの基準ピッチ線を，歯車の基準ピッチ円から xm，すなわちモジュールの x 倍だけずらして歯切りを行な

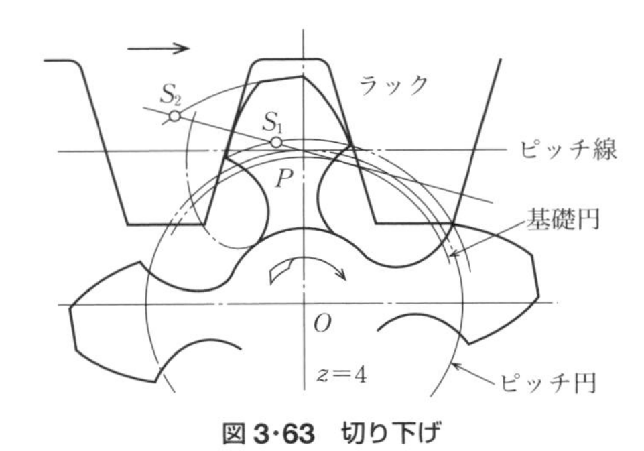

図3·63　切り下げ

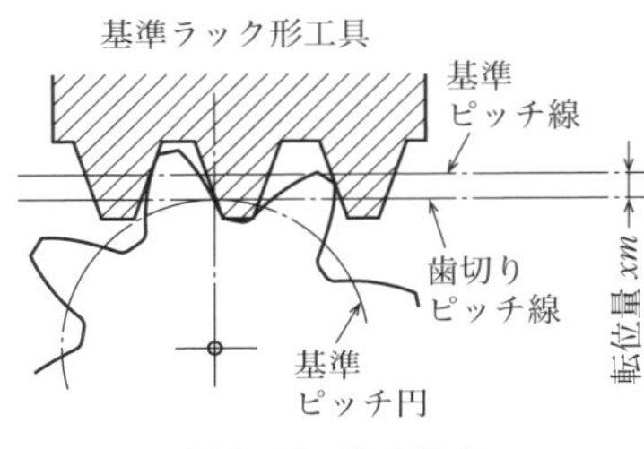

図3·64　転位歯車

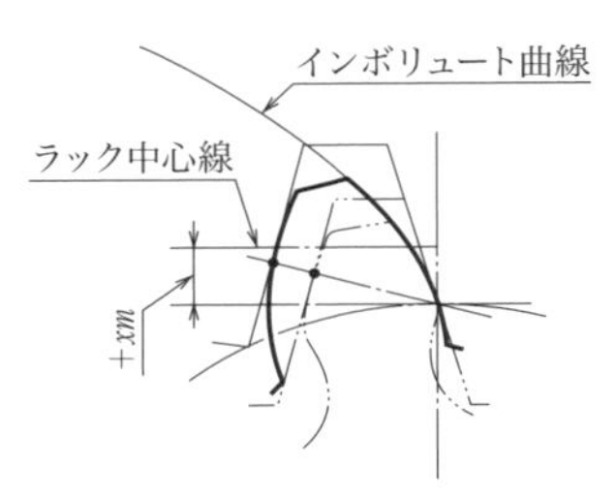

図3·65　歯形の変化

えば，やはり同じ歯数の歯車が得られる．この x のことを**転位量**という．

この場合，図3·65のように，インボリュート曲線の少し先のほうを使うことになり，歯元は厚く丈夫な歯形が得られる．このような歯車を**転位歯車**(Shifted gear) という．

転位歯車は，主として小歯数の歯車における切り下げを防ぐ目的で使うが，転位によって両歯車の中心距離を変えることができるので，ある定まった中心距離間に納める必要があるときにも使われる．

したがって，転位歯車としても，当初の基準中心距離を変化させたくない場合には，大歯車のほうを負の転位とすればよい．

5.　歯車の種類

(1)　平歯車 (Spur gears)

円板車の円周面上に歯を刻んだもので，平行な2軸間に一定の速度比の回転運動を伝える場合に用いられる（図3·66)．

回転比は，かみ合う2つの歯車の歯数に反比例する．したがって，歯車を見て回転比を知るには，両歯車の歯数を数えればよい．なお，ピッチ円の直径

(a)　外接

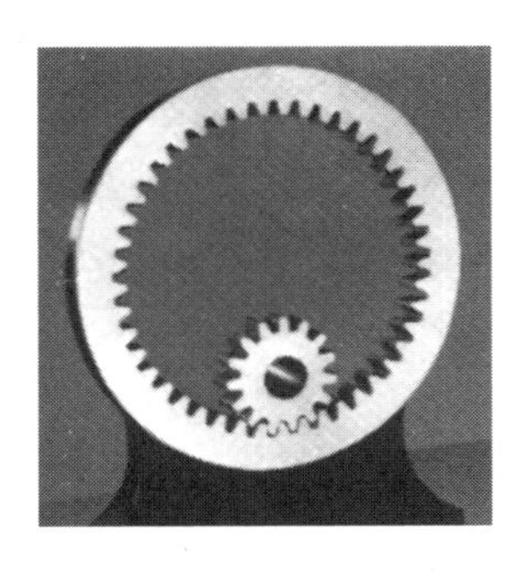

(b)　内接

図3·66　平歯車

と歯数とは比例しているので，かみ合う2つの歯車の回転比はピッチ円の直径に反比例する．

（2） **ラックとピニオン**　すでに述べたように，**ラック**（Rack）は棒状の歯車である．このラックにかみ合う小歯車を**ピニオン**（Pinion）という．

ラックとピニオンによって，ピニオンの回転運動からラックに直線運動を伝え，あるいはその反対に，ラックの直線運動からピニオンに回転運動を伝えることができる（図 3·67）．このラックとピニオンは，ボール盤の縦送り装置〔同図(b)〕などに使われている．

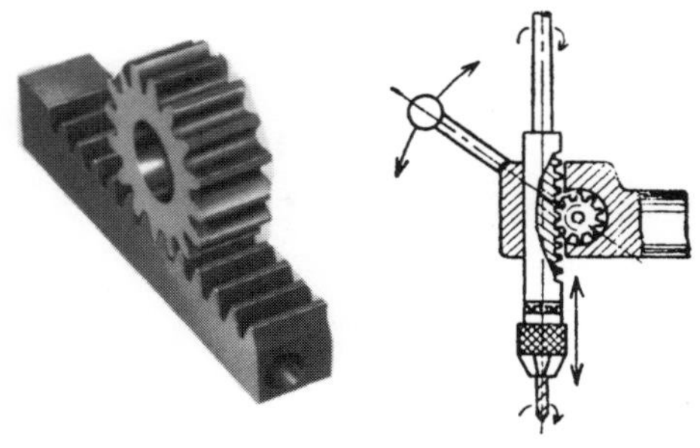

（a） ラックとピニオン　（b） ボール盤の縦送り装置

図 3·67　ラックとピニオン

（3） **ピン歯車**（Pin wheel）　図 3·68 は，ピン歯車を示したものである．ピン歯車はサイクロイド歯車の変形であると考えることができる．同図(a)において，歯元の歯形となる内サイクロイドの転がり円の半径をだんだん大きくして，ピッチ円半径と同一にすれば，内サイクロイドはだんだん短くなり，ついには1点になるから，この点を歯形に用い，歯先を省いたものである．

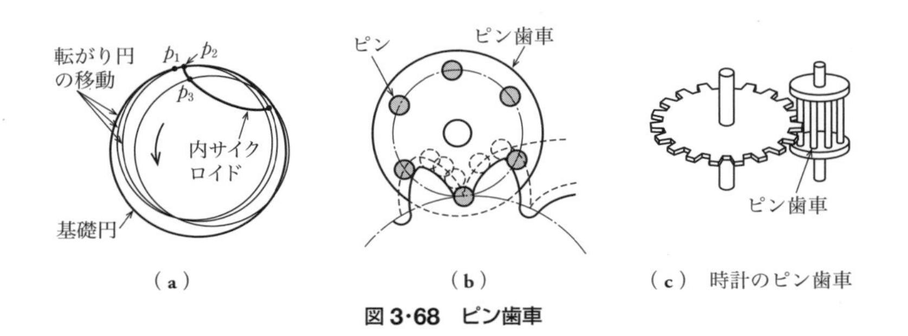

（a）　（b）　（c） 時計のピン歯車

図 3·68　ピン歯車

しかし，点では実用にならないので，歯車の歯の代わりに，この点を中心とした小さなピンを数個ピッチ円上に並べて車としたものである．したがって，これとかみ合う歯車は，歯先だけであって，この歯形は，相手のピン歯車のピッチ円を転がり円とするサイクロイド歯形となるが，実際のものは，相手のピンに合うように，全体にピンの半径だけ細くなったような歯を用いる．

ピン歯車は，一般的に従車として用いられ，大動力の伝達には適さないので，計測器類などに用いられている．同図(c)は時計に用いられているピン歯車の例を示したものである．図**3·69**は，2個のピン歯車による伝動装置を示したものである．

図 3·69 両ピン歯車

（4） **はすば歯車**（Helical gears） 平歯車を軸方向にいくつかに薄く切って，これを回転方向に少しずつずらして結合し，一体につくったような歯車を段歯車という（図**3·70**）．

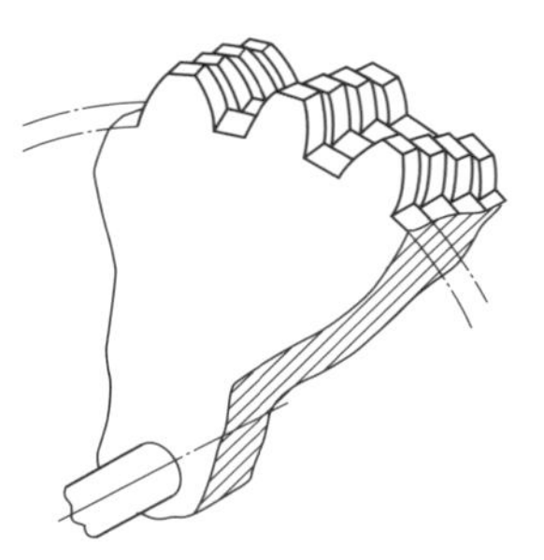

図 3·70 段歯車

平歯車はその歯のかみ合う接触部の位置によって力の伝わり方が異なるが，段歯車は各段の歯のかみ合い状態が少しずつずれているので，回転力がいつも平均化されて伝わり，運動の伝達が円滑になり，騒音も少ない．この段歯車の段数を無限に細かく割って連続させたとすれば，つる巻き線状の歯の線をもった歯車ができる（図**3·71**）．

これを**はすば歯車**といい，これを用いると，段歯車よりもさらに運動の伝達が円滑になり，騒音も少なくなる．はすば歯車は，歯の線と軸線とが斜交していて，かみ合う場合はこの歯の線に対して直角方向に歯が押されるため，2つの歯車の間に，軸方向に押す力，すなわちスラストがかかる．

このスラストをなくすには，図**3·72**のように，ちょうど反対向きの歯の傾斜をもったはすば歯車を2つ重ねて用いればよい．この歯車は，歯の線が山形になるので**やまば歯車**（Double helical gears）という．

図 3·71 はすば歯車

図 3·72 やまば歯車

図 3·73　かさ歯車

（5）　**かさ歯車**（Bevel gears）　ある角度で交わっている2軸の間に回転運動を伝えるには，図 **3·73** のようなかさ歯車が用いられる．このかさ歯車は，2軸の交点を頂点とした，相接する円すいの面に歯をつくったものであり，この円すいの面がピッチ面になる．歯が円すいの底から頂点に向かう母線にそって切られたものを**すぐばかさ歯車**（Straight bevel gears）という．

かさ歯車において，歯の向きを円すいの母線に対して斜めにしたものを**はすばかさ歯車**（He1ical bevel gears, 図 **3·74**）という．また，歯を種々の曲線状にしたものを**まがりばかさ歯車**（Spiral bevel gear, 図 **3·75**）という．その曲線の形には，円弧，インボリュートうず線などが用いられる．運動の伝達は円滑であり，また騒音は少ない．なお，図 **3·76** に示したものは，ゼロールかさ歯車といって，歯のねじれ角がゼロである場合のまがりばかさ歯車である．

図 3·74　はすばかさ歯車

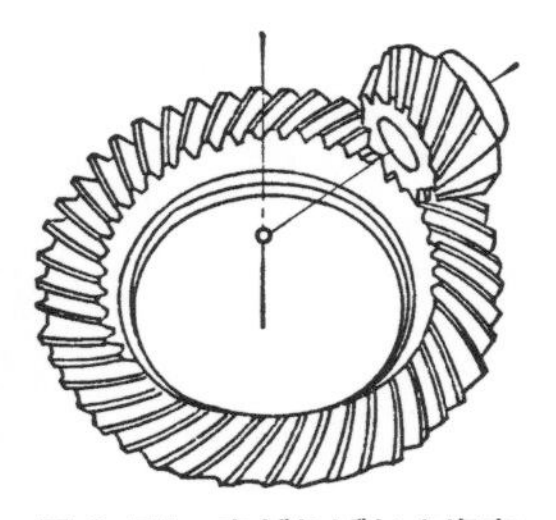
図 3·75　まがりばかさ歯車

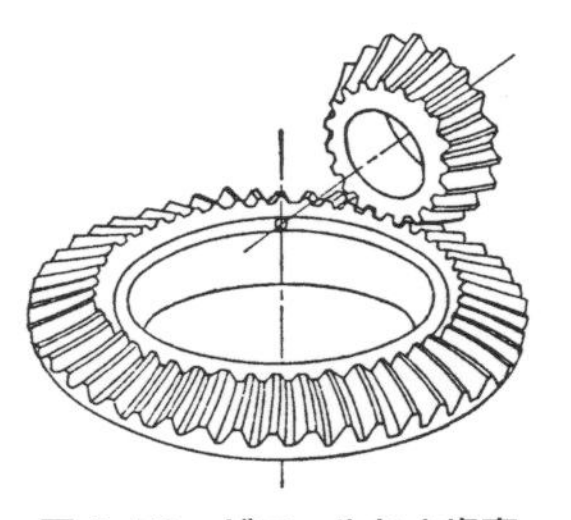
図 3·76　ゼロールかさ歯車

図 3·77　食い違い軸歯車

（6）　**食い違い軸歯車**（Skew gears）　食い違い軸車の接触面をピッチ面とした歯車のことである．食い違い軸歯車は，2軸が平行でもなく，かつ交わらない場合の動力の伝動に用いられる（図 **3·77**）．

食い違い軸歯車は，はすば歯車，はすばかさ歯車，まがりばかさ歯車に似ているが，その異なる点は，かさ歯車は軸が交わっていて，はすば歯車は軸が平行になっていることである．

この歯車は歯面の間のすべりの割合が大きく，製作も

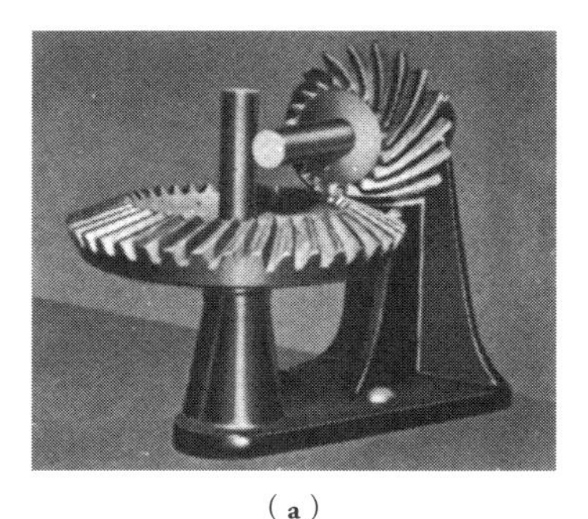

（a）

（b） ハイポイドギヤ

図 3·78　歯の曲がっている食い違い歯車

容易ではないので，あまり用いられていない．なお，自動車の後車軸を伝動する部分には，図 **3·78**（**b**）のような食い違い軸まがりばかさ歯車を使って，軸の位置を低くして，自動車の安定をよくする方法が多く用いられるようになっている．このような歯車を**ハイポイドギヤ**（Hypoid gears）という．

（7）　**ねじ歯車**（Screw gears）　図 **3·79** に示したように，食い違い歯車と同様に，交わらず平行でもない 2 軸間の伝動に用いられる歯車である．

図 3·79　ねじ歯車

いま，平行でもなく交わりもしない 2 軸に取り付けた円筒が，図 **3·80** のように接するとき，その接点 P を通って両軸方向に対して傾いた 1 本の直線 TS を引き，これを，各々の円筒の周囲に巻き付けると，ねじの線（つる巻き線）ができる．このねじの線にそって歯を切ったものがねじ歯車である．

ねじ歯率のピッチ面は，1 点で接触しているので，その 1 点では正しくかみ合うが，その他の部分ではピッチ面が離れるため正しくかみ合わず，運動が円滑に行なわれない．

そこで歯の接触をよくするように，歯形をつづみ形にし，中央部は，くぼんだ形にすることが多く行なわれている．ねじ歯車は，主として両軸が直角に交差しているときの伝動に用いられる．

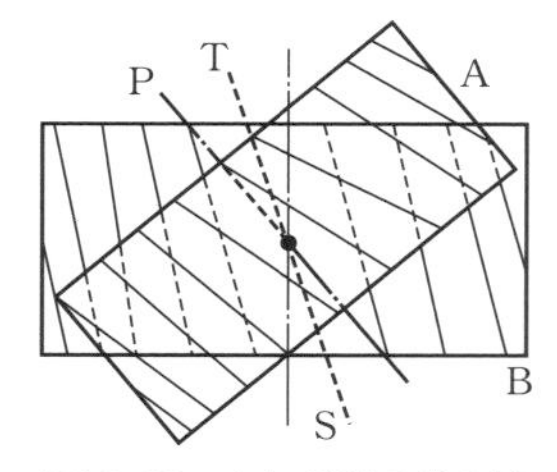

図 3·80　ねじ歯車の歯の線

ねじ歯車のピッチには，その測り方によって図 **3·81**

に示すような3種類のものがある．図中のP_aのように軸方向に測ったものを**軸方向ピッチ**（Axial pitch）といい，P_cのように円周方向に測ったものを**円ピッチ**（Circular pitch），P_nのようにつる巻き線に直角方向に測ったものを**歯直角ピッチ**（Normal pitch）という．たがいにかみ合うねじ歯車の垂直ピッチは等しいが，軸方向ピッチや円ピッチは等しくない．

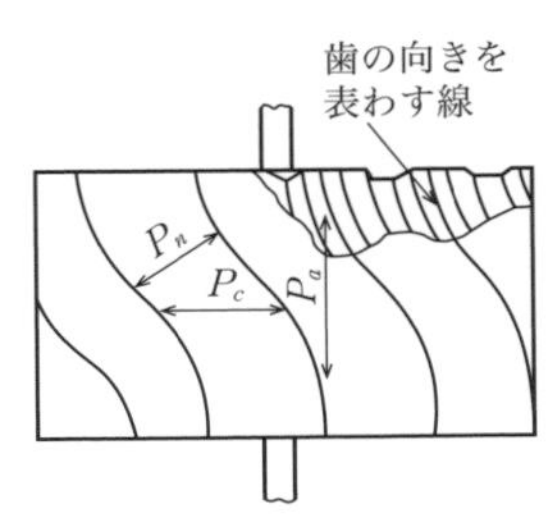

図 3·81　ねじ歯車のピッチ

（8） **ウォームギヤ対**（Worm gear pair）　ねじ歯車の一種で，一方の歯車の半径を小さくしてねじ状にした**ウォーム**（Worm，図 **3·82**）と，これにかみ合うねじ歯車状の**ウォームホイール**（Worm wheel）とからできている．

歯の接触をよくするために，ウォームホイールの歯の断面は，中央部がくぼみになっている．また，ウォームの形をつづみ形にすることもある．図**3·83**をヒンドレーのウォームギヤという．

図 3·82　ウォームとウォーム歯車

ウォームとウォームホイールは一般的に直角に交わる2軸の間に回転を伝えるときに用いられ，大きな変速比で減速したり，または大きな力を伝達したりするときに用いる．

図 **3·84** は，自動車のかじ取り装置に使用されていたウォームギヤ対の例を示したものである．ウォームはねじと同じような構造になっているので，棒に巻きつけたつる巻き線（歯）が1本のものを1歯ウォーム，2本のものを2歯ウォームなどと呼び，1歯の場合，リードと軸ピッチは等しく，2歯の場合は，1リードは軸ピッチの2倍である．1歯ウォームの場合は，

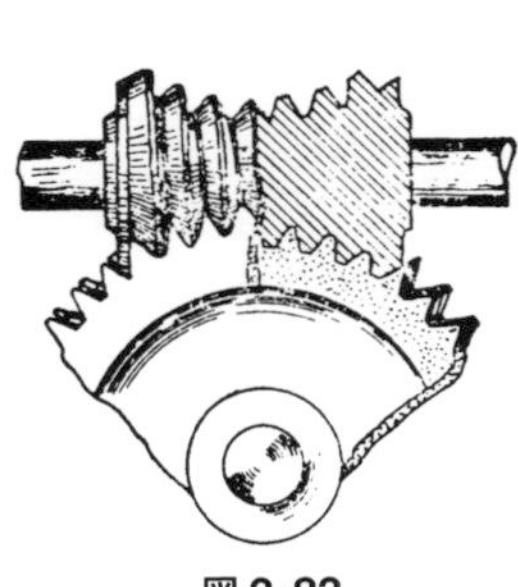

図 3·83
ヒンドレーのウォームギヤ

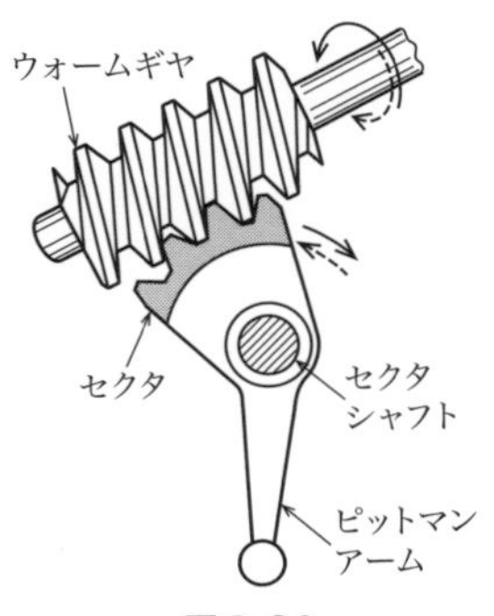

図 3·84
自動車のかじ取り部のウォームとウォームホイール

ウォームの1回転に対してウォーム歯車は1歯進むから，ウォーム歯車の歯数を Z とすれば，ウォーム歯車とウォームの回転比 e は次式で表わされる．

$$e = \frac{1}{Z}$$

平歯車においては，1組の歯のかみ合いがはずれないうちに，少なくとも次の1組がかみ合わないと運動を正しく連続して伝達できない．したがって，小さいほうの歯車の歯数を，1つとか2つとかというように極端に少なくすることはできない．

歯車は一般に12枚の歯がなければならないといわれているから，速度を大きく変えるには，大きなほうの歯車の歯数を多くし，直径も非常に大きくしなければならない．これに比べてウォームは，歯を1～2枚にできるので，ウォームホイールの歯をさほど多くせずに大きく減速することができる．この歯車もすべりの割合が大きく，摩擦も大きい．

ウォームギヤ対における運動は，ウォームからウォームホイールに伝達される．反対にウォームホイールからウォームに伝動させるには，ウォームの歯の傾き（軸と直角の方向に対する）を大きくしなければならない．ところがこの傾きが小さくなると，ウォームホイールからウォームへの伝動が困難になり，ある程度以上になると，この伝動は不可能になる．これを利用して逆転防止装置に使う場合がある．一般的にウォームは鋼でつくられ，ウォームホイールは青銅でつくられている．

6. 歯車装置の回転比

1組の歯車装置の回転比は，すでに述べたように，各歯車の歯数に反比例する．すなわち，歯数を Z_1，Z_2，回転数を n_1，n_2 とすれば，次式となる．ただし，ウォームの場合の歯数は，ねじの条数となる．

$$\frac{n_1}{n_2} = \frac{Z_2}{Z_1}$$

また，平歯車，はすば歯車，かさ歯車，はすばかさ歯車，ピン歯車などでは，回転比はそれらのピッチ円の直径にも反比例する．なお回転方向は，外接の場合はたがいに反対方向であり，内接の場合は同方向である．ラックの場合には，ラックの線速度を V，ピニオンの半径を r_2，回転数を n_2 とすれば，次式で表わされる．

$$V = 2\pi r_2 n_2$$

（1） **歯車列の回転比**　回転を伝える軸の間の距離が大きいとき，1組の歯車で伝動しようとすれば，非常に大きな歯車を用いなければならない．また，回転比を

（a） 外観

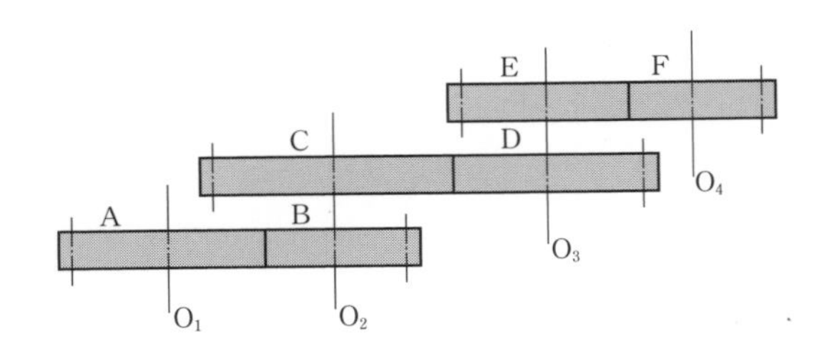

（b） 歯車列の回転比

図 3·85 歯車列

非常に大きくしたいときには，小さいほうの歯車の歯数は非常に少なくなって，かみ合っている歯数の組が少なくなる．

また，この場合，1つの歯にかかる力は大きくなり，摩擦も大きくなって運動は円滑に行なわれない．このような場合，運動を円滑に行なわせるためには，図**3·85**のように，数組の歯車を使って，順次に回転を伝えればよい．このようにしたものを**歯車列**（Gear train）という．

同図(**b**)でO_1軸からO_4軸に回転を伝えるために，O_2，O_3の2軸を入れ，AとB，CとD，EとFの3組の歯車で伝動すれば，O_1とO_4の回転比は，各歯車の組の回転比をかけ合わせたものになる．

すなわち，各歯車の歯数をz_a，z_b，z_c，z_d，z_e，z_fとし，各軸の回転数をn_1，n_2，n_3，n_4とすれば，次式が成り立つ．

$$\frac{n_2}{n_1}=\frac{z_a}{z_b},\qquad \frac{n_3}{n_2}=\frac{z_c}{z_d},\qquad \frac{n_4}{n_3}=\frac{z_e}{z_f}$$

$$\therefore\quad \frac{n_4}{n_1}=\frac{n_2}{n_1}\times\frac{n_3}{n_2}\times\frac{n_4}{n_3}=\frac{z_a}{z_b}\times\frac{z_c}{z_d}\times\frac{z_e}{z_f}$$

回転方向は，原軸に対し1組の外接歯車ごとに反対方向になる．すなわち，O_2軸の回転方向は原軸と反対方向，O_3軸は原軸と同方向，O_4軸の回転方向は原軸と反対方向である．

また，図**3·86**(**a**)のように，離れた2歯車A，Bの間に1つの歯車Cを1列になるように入れて，両方の歯車にかみ合わせれば，AとBの回転比は直接かみ合わせた場合と同様である．ただ回転方向は，同方向となる．

このように回転方向を変える目的で，2つの歯車間に入れる歯車を**遊び歯車**（Idle

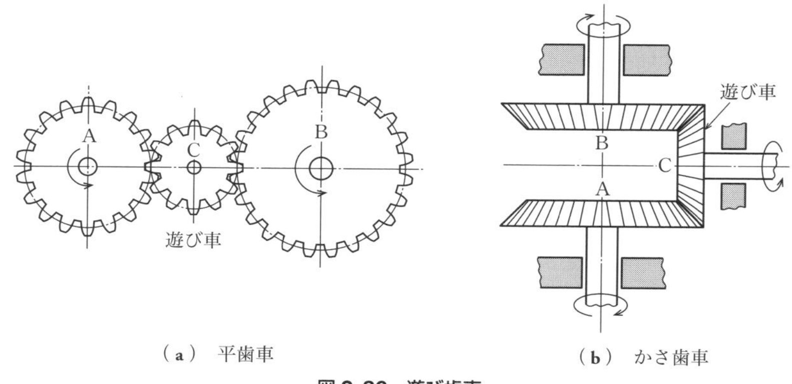

（a） 平歯車　　（b） かさ歯車

図 3·86 遊び歯車

gear）という．かさ歯車のように軸の方向が異なっている場合は，軸の向きだけ回転の方向も変わっていくので，何組か組み合わせたとき，軸の方向が180°変われば，平歯車の場合と回転方向が反対になる．

同図（b）のように，軸の向きが90°ずつ異なる3個のかさ歯車で伝動されるときは，最初の軸と最後の軸とは反対方向の回転になる．

（2） **差動歯車**　図3·87のように，2つの歯車A，Bの軸がSという腕で支えられて回転を伝えているとする．いま歯車Aを固定しておき，腕Sを歯車Aの周囲に回転させれば，歯車Bは歯車Aの周囲を回りながら，その軸の周囲を回転する．このときの歯車Bの軸の周囲の回転は，歯車のかみ合いによる回転と，腕の回転との合成されたものである．

（a） 外形

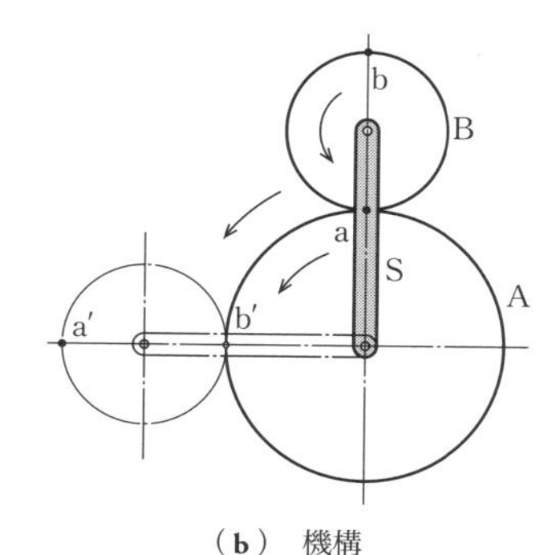

（b） 機構

図 3·87 差動歯車

このように歯車のかみ合いにおいて，ある歯車軸がほかの歯車軸の周囲を回転するようなものを**差動歯車装置**（Differential gears）という．図**3·87**のように，太陽の周囲を遊星が自転しながら回っているような場合は，これを**遊星歯車装置**(Planetary gears）ともいう．

（**3**）　**差動歯車の回転比**　図**3·87**(**b**)の場合，歯車Bの回転と腕Sの回転の割合を考えてみよう．いま，便宜上，歯車Bの歯数を歯車Aの歯数の1/2とする．そのとき腕Sを90°だけ矢印の方向に回転させれば歯が1つ1つかみ合うために，歯車Bのb点はb′にきて，かみ合い点aはa′にくる．

すなわち，歯車Bは歯車Aの周囲を1/4だけ回るために1/2回転させられ，腕Sの1/4回転のためにさらに1/4回転させられる．歯車Bは，結局その和の3/4回転するわけである．したがって，腕Sを1回転させれば，歯車Bは3回転する．

図**3·88**，図**3·89**は，自動車の駆動部に用いられる差動歯車装置の機構と実物例を示したものである．動力は，図**3·88**の推進軸①から，かさ歯車で②に伝動され，歯車②に固定された腕Sに取り付けられているかさ歯車③，③′が④，④′の歯車とかみ合い，車軸⑤，⑥を回転させる．

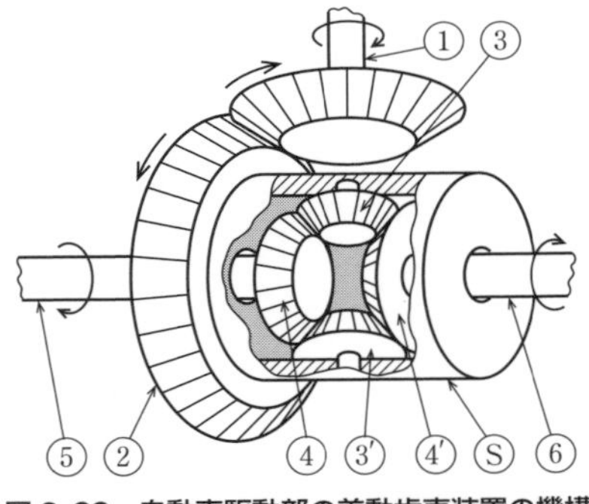

図3·88　自動車駆動部の差動歯車装置の機構

自動車が直進しているときは③，③′，④，④′の歯車は相互運動をせずに一体になって回転しているが，いま，仮りに右側の車軸⑥に大きな抵抗がかかって止まったとすれば，左側⑤だけが差動装置によって前進方向に回る．腕Sの1回転で，歯車④は遊び歯車③を介して歯車④′とかみ合うため1回転する．また，腕Sの1回転のため，さらに1回転し，合計2回転することになる．右側がいくらか回れば，回転比はそれにしたがって少しずつ変わっていく．

図3·89　自動車の差動歯車装置

7. 歯車の略画法

歯車を図面の上に描き表わす場合，歯車の歯の形を，全歯数にわたって正確に描くことは，非常に手数がかかるし，またその必要もない．JISでは歯車の略画法を次のように定めている．

一般に正面（軸に直角な方向から見た面）から見た場合は，歯先円は太い実線，ピッチ円は細い一点鎖線，歯底円は細い実線または太い破線で示す〔図**3·90**(**a**)〕．ただし，歯底円は記入を省略してもよい．

歯の位置を示す必要があるときは，1～2の歯形を描き，他の部分は前記のようにする．歯すじの方向を示すには，通常3本の実線を用いる〔同図(**b**)，(**d**)〕．ただし，まがりばかさ歯車では，3本の太い実線で示す．かみ合う1組の歯車の図示は，同図(**a**)のようにする．かみ合う歯車の略画法の数例を，同図(**c**)～(**j**)に示す．

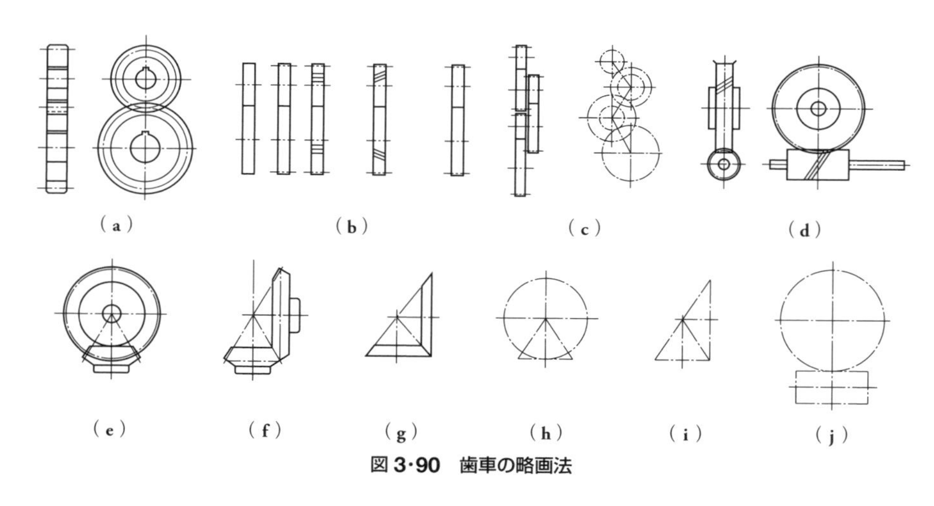

図3·90 歯車の略画法

3·6 カム

これまでに述べてきた摩擦車や歯車，あるいはベルト車などの伝達する運動は，おもに一定の規則正しい回転運動であったが，機械には直線運動や揺動運動が必要な場合も多く，また，速度も不等速であったり断続的であったりする．すなわち不規則で複雑な運動を必要とすることが多い．**カム**（Cam）は，このような運動を伝えるのにもっとも適している．

カムは図 **3·91** 示すように，その外形がいびつになった円板であったり，曲がりくねった溝をもつ円筒であったりするもので，相手の部品が，この曲面や曲がった溝に接触して，これにそった運動をするものである．

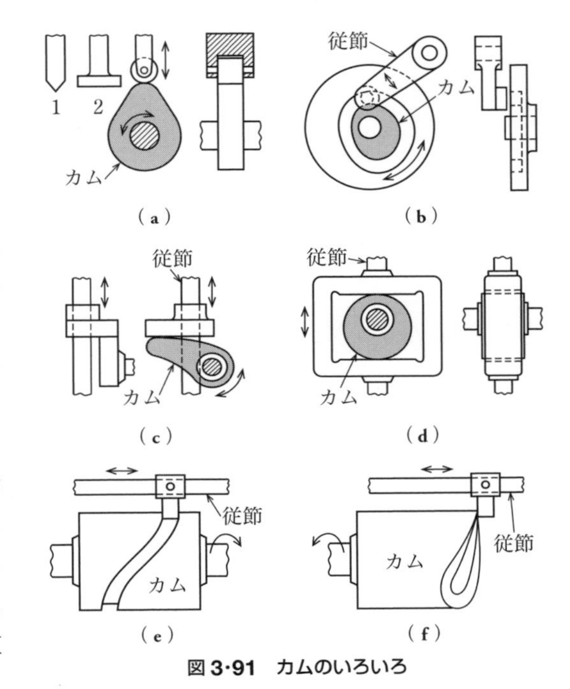

図 3·91 カムのいろいろ

多くの場合，カムは原節（動力を伝える側の部品）としてはたらき，回転運動をすることによって，その従節（動力を伝えられる側の部品）に周期的な直線運動や揺動運動を伝える．ときには回転しないで往復運動をする場合や，原節でなく逆に従節としてはたらく場合もある．

カムの形は，各瞬間の従節の所要位置がわかれば，それに対する原節の位置によって定まってくる．

カムの構造は簡単であるが，複雑な運動を伝えることができるので，内燃機関，紡織機械類，自動工作機械，印刷機械，その他に広く用いられている．

1. カムの種類

カムにはいろいろな種類があるが，形状，機能，その他から分けると，板カム，円筒溝カム，直動カム，斜面カム，確動カム，逆カム等に分けられる．以下これについて説明する．

（**1**） **板カム**（Plate cam） 図 **3·92**（**a**）のように特殊な形の周縁をもった板状のカムで，円板の一部に突起部を設けたものである．従節は，この突起部に接触すると動き，突起部以外のところで接触しているときは動かない．

このように，カムは，カムの板面に垂直な軸の周囲に回転させ，従節に往復直線

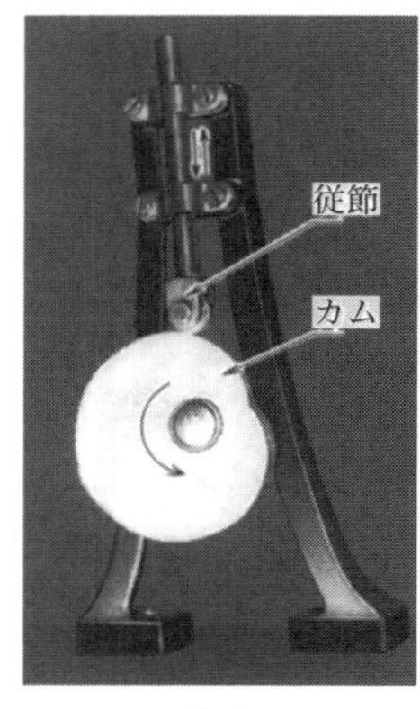

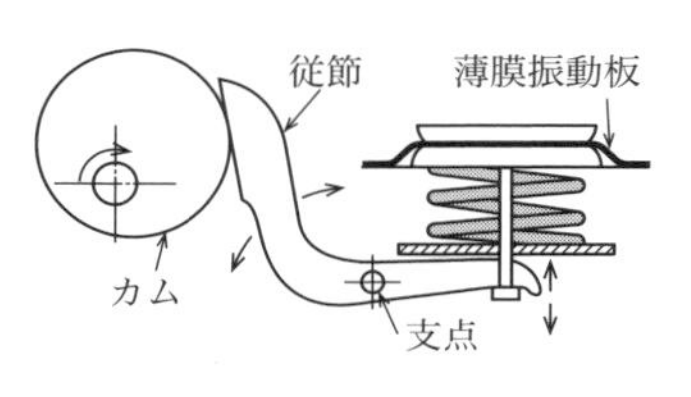

（a）

（b） 揺動運動を伝えるカム
（燃料ポンプ薄膜振動板伝動機構）

図 3·92 板カム

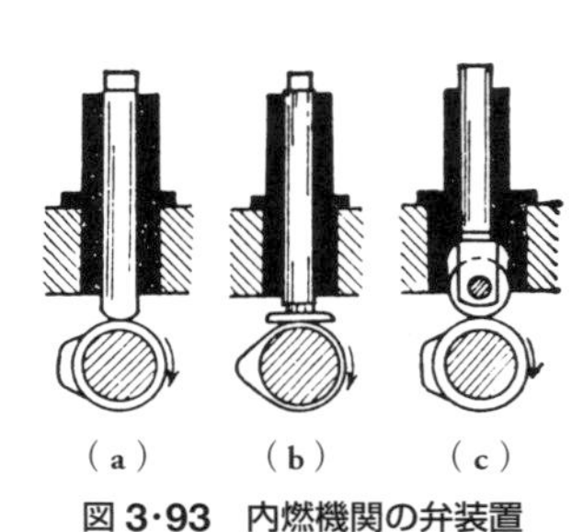

図 3·93 内燃機関の弁装置

運動や揺動運動を伝えるものである．同図（b）は，偏心輪を用いたカムを示したものである．

図 3·93 はガソリン機関の弁を動かす装置に用いられた板カムを示したものであって，同図（a）は従節が棒状のもの，同図（b）は従節の面が平らのもの，同図（c）は摩擦を小さくするために従節にころを用いたものである．

図 3·94 はミシンに用いられている板カムを示したものである．同図（a）は水平送り装置の一部にあるカム装置で，上軸の回転によって三角カムが動き，二叉ロッドが揺動する．同図（b）は上下送り装置の一部で，大振り子についたカムが揺動す

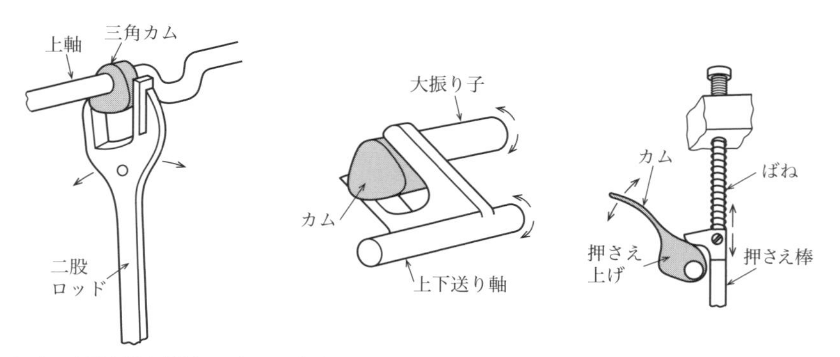

（a） 水平布送り装置の一部　（b） 上下布送り装置の一部　（c） 布押さえ棒の上下カム

図 3·94 ミシンに用いられている板カム

ると上下送り軸が揺動する．また同図(c)は，布押え棒を上下するための手動カムを示したものである．

（2） **円筒溝カム**（Cylindrical grooved cam） 円筒の表面に溝を切ったもので，従節の突起がこの溝にはまり，円筒の回転にしたがって，従節は往復直線運動や揺動運動をする．

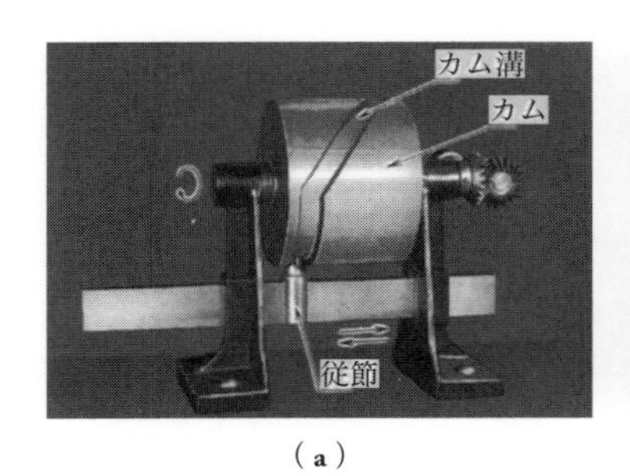

（a）

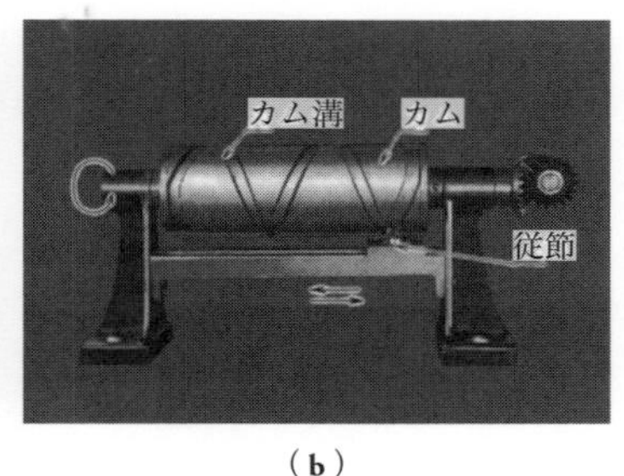

（b）

図 3·95　円筒溝カム

図 **3·95** は往復運動を伝える円筒カムを示したもので，同図(**a**)はカムの1回転で従節が1回往復直線運動をし，同図(**b**)はカムの5回転で従節が1往復する．

図 **3·96** は，ミシンの天びんを上下に揺動する円筒カムである．溝を付けたカムには，円筒のほかに，図 **3·97** に示した円すいや球面あるいは平面などに溝を付けたものもある．

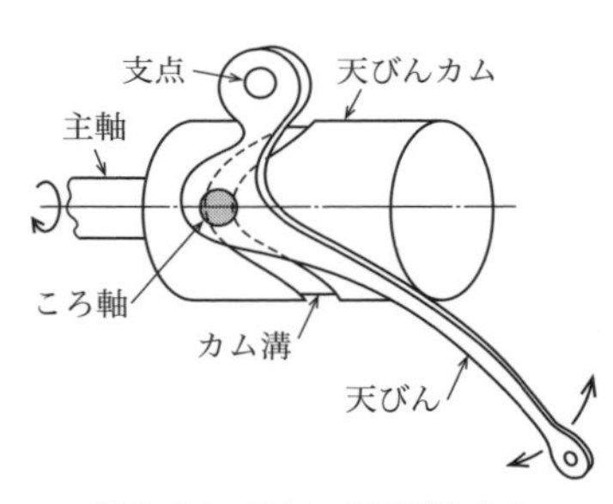

図 3·96　ミシンの天びんカム

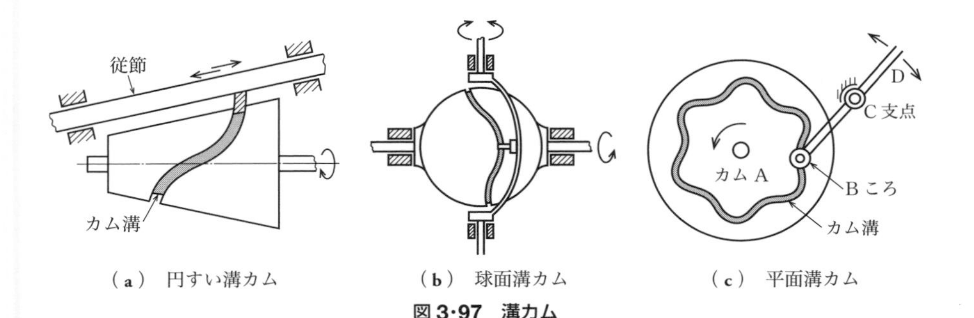

（a） 円すい溝カム　（b） 球面溝カム　（c） 平面溝カム

図 3·97　溝カム

（3） **斜面カム**（Swash plate cam） 回転軸に斜めに取り付けられた円板であって，従節はころによって円板の斜面に接し，原軸と平行の方向に上下運動をする（図 **3・98**）.

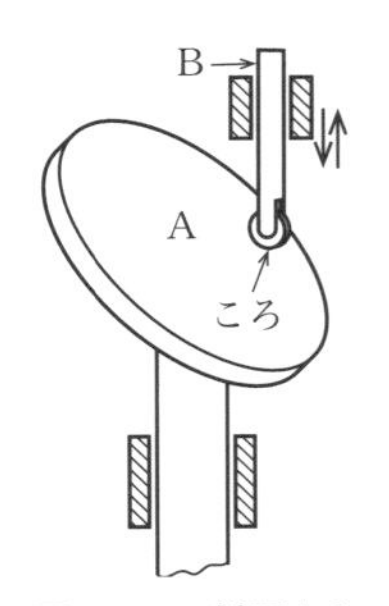

図 3・98 斜面カム

（4） **確動カム**（Positive motion cam） 前に述べた板カムや斜面カムは，カムの回転が速くなると，従節が飛び上がってカムから離れたり，またカムが下がるときに，従節がカムの面について行けなくて離れたりする．このような欠点をなくして，いつも原節カムに従節が確実に接触するような装置にしたものが確動カムである．

図 **3・99** はその例であって，同図（**a**）はカムが回転中心の偏心した円形で，従節がその筒形の中につねに抱きかかえているので，カムから離れることがない．また同図（**b**）は，カムの回転中心を通る周縁までの直線距離がつねに一定であり，しかも周縁がおむすびのような形のカムを箱形の従節の中に挟んだもので，カムはつねにその箱の中に確実に挟まれて運動を伝える．前述の溝カムやミシンの上下・水平送りのカムも，確動カムの一種である．

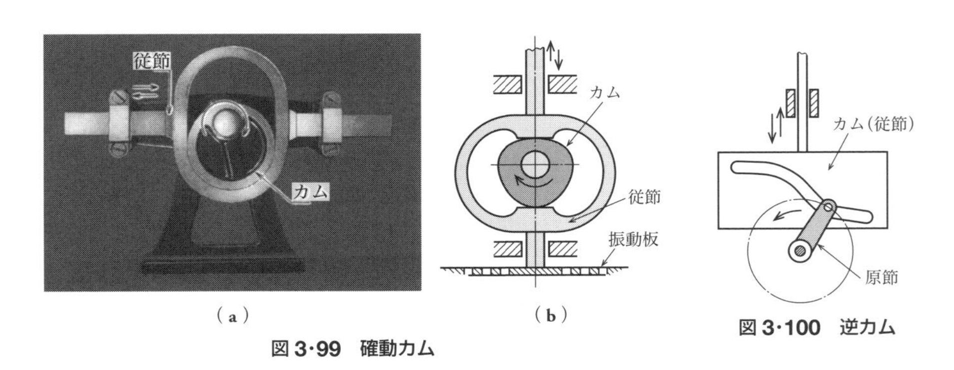

（a） （b）
図 3・99 確動カム
図 3・100 逆カム

（5） **逆カム**（Inverse cam） カムは一般的に原節として用いられるが，図 **3・100** のように，反対に従節として用いられる場合もある．これを逆カムという．

（6） **ねじ** 2章で述べたように，結合用機械要素として用いられるが，そのほかに，回転運動から直線運動へ，あるいはまれにその反対の運動伝達に用いられる．この場合のねじは，溝カムの一種とみなされる．

2. カムの外形の決め方

カムの外形は，原節の運動に対する各瞬間の従節の位置がわかれば決めることができる．したがって，この外形を描くには，まず従節の運動曲線を描いてみる必要がある．

（1）**板カムの形**　いま，板カムの形を考えてみよう．従節の位置が原節の回転角度にしたがって図 **3·101**(**a**)のような変化をするものとする．この場合，原節が180°回転すると，従節はある回転角度から移動しはじめて最高の高さまで移動して，原節の次の180°の回転では，最高の高さから最低の高さまで運動したのち，しばらく静止する．

同図(**b**)に示すように，まず，カムの回転中心をOとし，ある任意の半径で基礎円を描く．カムの基礎円があまり小さいと，正確な運動を伝え得ない場合があるので，ある程度大きい基礎円を描く．

カム山の作用しない間（図の場合240°）はカムの外形は基礎円のままでよい．次に，カム山の作用する間の角度（図の場合120°）を仮りに8等分すれば，15°ずつに9本の半径が引ける．同時に原節の回転に対応して動く従節の位置を，同図(**a**)のような変位曲線に描き表わし，これも15°ずつに8等分して，各点における変位量を h_1，h_2，h_3 のように求める．

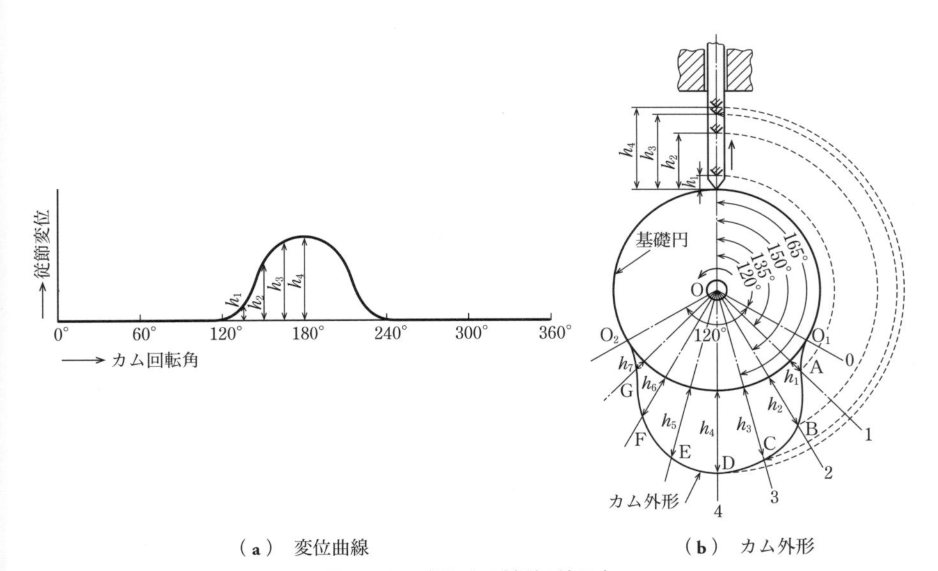

（**a**）変位曲線　（**b**）カム外形

図 3·101　板カムの外形の決め方

この 0, h_1, h_2, h_3 の長さを，それぞれ対応する半径線の円周外にとって，点 O_1, A, B, C……とし，これらの点をなめらかな曲線で結べば，カムの外形が得られる．基礎円の中心角を等分する数を多く取るほど，カムの外形曲線は正確になる．このようにしてカムの形を求めることができる．

図 **3·101** の場合，カムと接触する従節の先端は，とがっていて摩擦が大きい．したがって，従節の先端に小さなころを付ければ，摩擦が小さくなり，円滑に動く．このように従節の先端にころを付ける場合には，カムの外形は，図 **3·102** に示すように，ころの半径だけ変位を大きくした各点をとって，ここに，ころの円を描き，これら多数のころの円に接する曲線を描けばよい．

（2） 円筒カムの形　円筒溝カムの形も，以上と同様な方法で描くことができる．次に，この場合の例について説明しよう．

図 **3·103** は，ミシンの上軸につけて，天びんを揺動させるところに使われるカムを示したものである．このような円筒カムの形は，次の

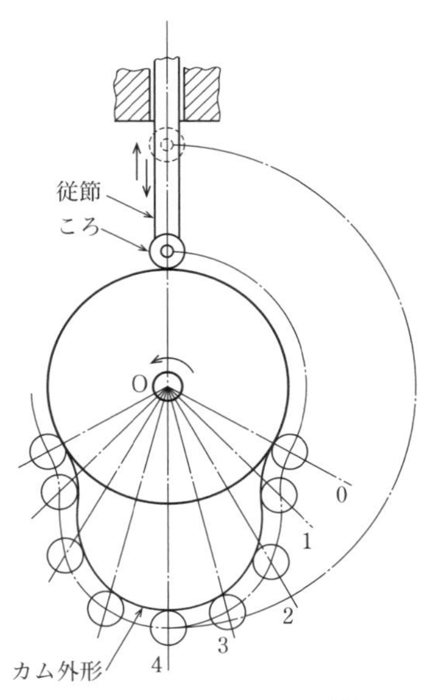

図 3·102　ころを用いる方法

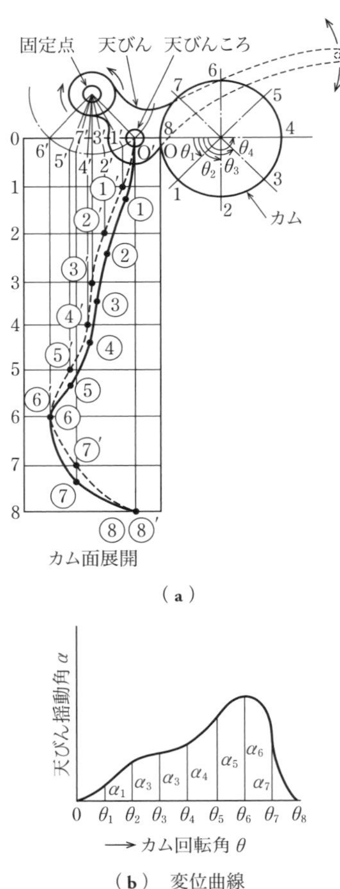

図 3·103　円筒カムの形の決め方

ようにして決めることができる．同図(**a**)は，円筒を展開したものであり，同図(**b**)は，カムの回転角 θ に対する天びんの揺動角 α を，変位曲線として表わしたものである．

図において，いま，天びんころの揺動が水平，すなわち O_0 線の上を動くものと仮定すれば，1 から水平線を引き，1′ から垂直線を引いたとき，2 本の線の交点①′ は，カム溝の中心線上の点である．同様の方法で，②′，③′ などの点を求めることができる．

実際には，1′，2′……の点は，天びんが揺動するため $\overline{O_0}$ 線より下に下がっているので，求めるカム溝の中心線上の点は，その下がっている距離に相当する長さだけ，展開図上で下に下げた点 ①，② ……である．

したがって，この ①，② ……を結んだ線がカム溝の中心線（図の上の実線）であり，これを円筒に巻き付けて，これにそって幅をもった溝をつくれば，求めるカム溝ができる．

3·7 リンク装置

リンク装置（Link work）とは，原節と従節とが直接接触しないで，その間に金属棒のような剛性の中継ぎとなるもの（これを媒介節という）を用いて運動を伝える装置である．原節・従節と媒介節とは多くの場合ピンで連結し，各部分がピンの周囲に回転するようになっている．しかし，中にはピン結合によらずに，両者を溝と凸起で連結し，溝の中を凸起がすべり動くようにして連結しているものもある．このような装置を構成する各部分を**リンク**（Link）という．

リンク装置によって伝動すると，摩擦部分が少ないので動力の損失も少なく，軽快な運動を伝えることができる．リンク装置のもっとも基礎となるものは，図 **3·104**(**a**)のように，4 本の棒を組み合わせたものである．この各組のどれか 1 本を固定すれば，そのほかのある 1 本の棒を動かすことにより，ほかの 2 本の棒に運動を正しく伝えることができる．これを**四節回転連鎖**（Quadric crank chain）という．

もし，棒が 3 本であると〔同図(**b**)〕，1 本を固定するとほかの 2 本も同時に固定されて，たがいに運動をすることができない．また同図(**c**)のように，5 本を組み合わせると，ある 1 本に一定の運動を与えても，ほかのものには一定の運動が伝わ

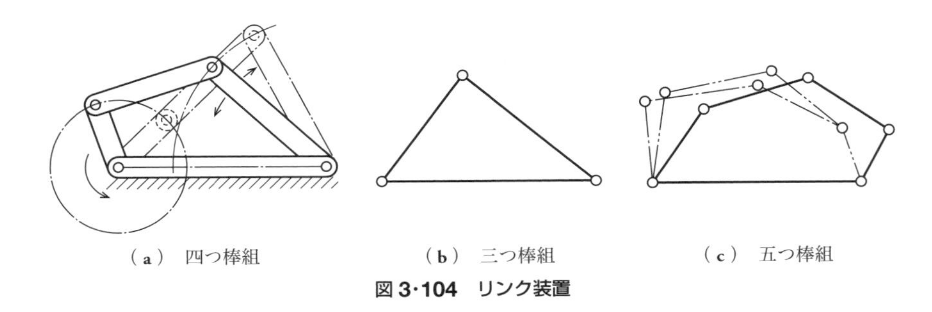

図 3·104　リンク装置

らず，勝手な運動をするので，これも機械として運動の伝達用には適していない．

1.　四節回転連鎖の運動

四節回転連鎖の各部分の運動を，図 **3·105** について考えてみよう．A，B，C，D のリンクのうち，A を一番短いリンクとし，D を固定したものと考えれば，同図(**a**)に示すように A は全回転し，A の回転によって B を媒介とした C は揺動運動をする．

（1）　**てこクランク機構の運動**　A のように全回転するリンクを**クランク**（Crank）といい，C のように揺動運動をするリンクを**てこ**（Lever）という．また B のように媒介をするリンクを**媒介節**または**連結節**（Connector）という．

てこ C によってクランク A に運動を伝える場合に，クランク A と連結節 B が一直線になったときは，てこ C にいくら大きな力を加えてもクランク A は回転しない〔図 **3·105**(**b**)，(**c**)〕．

この点を**死点**（Dead point）という．またこの点からは，クランクは右回りにも左回りにも回転できるので，このような点を**思案点**（Change point）という．死点と思案点とは同一の点である．この死点や思案点のところで，ある一定方向に運動

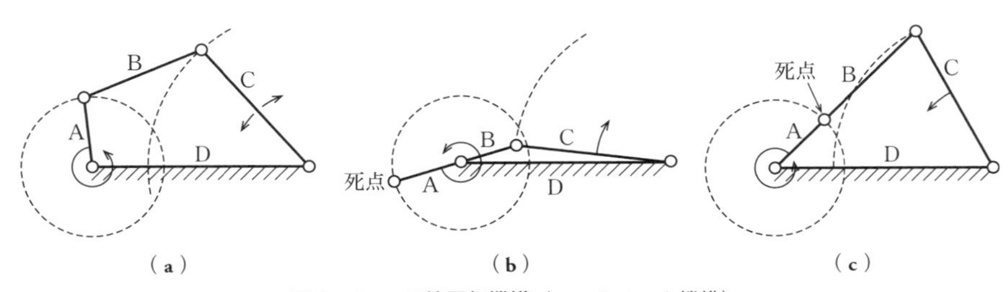

図 3·105　四節回転機構（てこクランク機構）

を続けさせるには，クランクの惰性によるか，あるいは特別な装置を付け加えるかする．

あるリンクにおいて，固定節でないほかの2リンクが一直線になるところがあれば，そのリンクはてこであり，一直線になるところがなければ，クランクである．これは，それぞれの長さの関係によるものである．図**3·105**の場合，2つの死点のところにできる三角形の関係から，それぞれの長さは，次のような関係がある．すなわち，A，B，C，Dを各リンクの長さとすれば

$$A + B < C + D$$

$$B - A > D - C$$

したがって，Aは最短となる．図**3·105**のような四節回転機構を**てこクランク機構**（Crank and 1ever mechanism）という．

（2）　**てこクランク機構の実用例**　この機構の実用されている2，3の例を図**3·106**に示す．同図(**a**)はミシンの足踏み部からベルト車を回転するところで，踏み板がてこで，ベルト車軸がクランク，ピットマン棒が連結節である．この場合の固定節にあたるものは，ミシンの脚やテーブルなどである．

このように各リンクは棒状のものでなくなり，たとえば踏み板になったり，ベルト車軸のような曲がった回転軸になったり，それぞれ用途に適するような形に変形している．しかし，その運動伝達は細長い棒状のリンクの結合と同等のものと考えることができる．

以下に述べるものも，多くはこのように，さまざまに変形している．同図(**b**)は自転車後輪のブレーキを操作する装置である．ブレーキレバーに付いているはと金具を回転させると，ブレーキ短棒を仲介として前クランクを揺動させる．

さらに，この後にリンク装置を設けて，ブレーキを引くよう

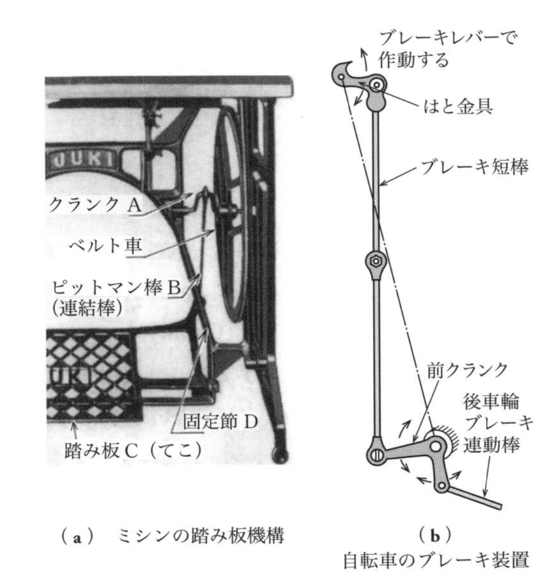

（**a**）　ミシンの踏み板機構　（**b**）自転車のブレーキ装置

図3·106　四節回転機構の実例

になっている．はと金具はクランクとして全回転できるものであるが，途中で止めて全回転させずに使用している．なお，骨組は固定リンクの役目をしている．

（3） **機構の置き換え**（Inversion of mechanism） 四節回転機構の固定リンクを変えると，見かけ上，変わった各種の機構ができる．これを機構の置き換えという．いま，図 **3·105** の B を固定した場合には，前と同様に，てこクランク機構になる．

次に，A を固定した場合には，図 **3·107** に示すように，B と D とはその軸の周囲を全回転する．これを**二組クランク機構**（Double crank mechanism）という．

この機構の実用例は割合に少ないが，図 **3·108** はこれを応用した換気機械である．これは 3 つの二組クランク機構を結合したもので，それらの固定リンク A は円筒の中心 O′ と偏心板の中心 O とを連結した仮想の線である．O，O′ の位置は本体に固定されている．

偏心板は図 **3·107** の B に相当し，3 つを一体にしたもので，O の周囲を全回転する．B に相当する節は O′ を中心として全回転する．これらの運動によって，C

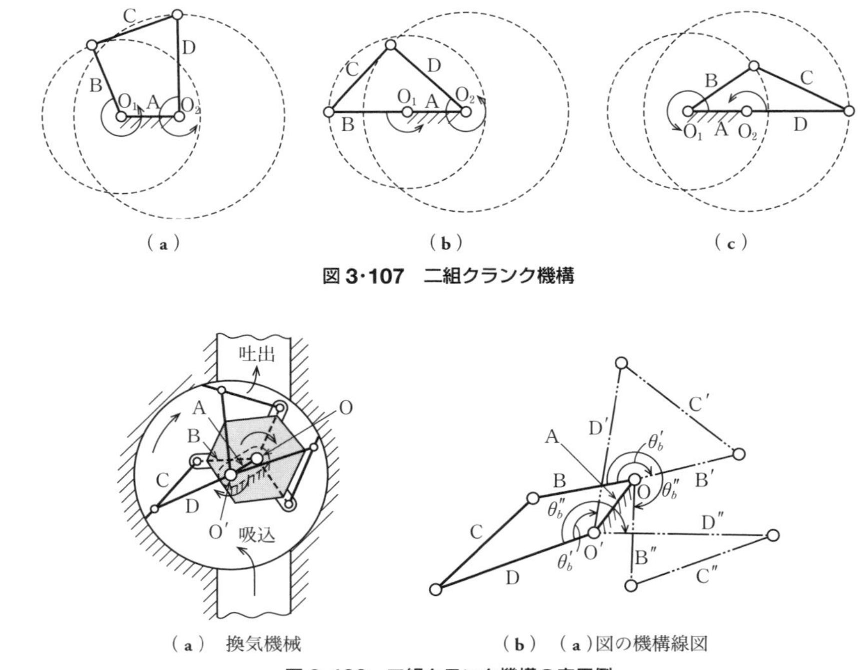

図 3·107 二組クランク機構

図 3·108 二組クランク機構の応用例

に相当する板状の羽根が，円筒の中で回りながら吸い込み口から空気を吸い込み，吐き出し口から吐き出す．

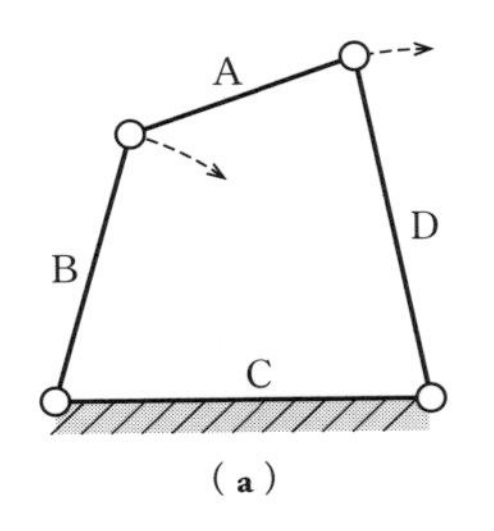

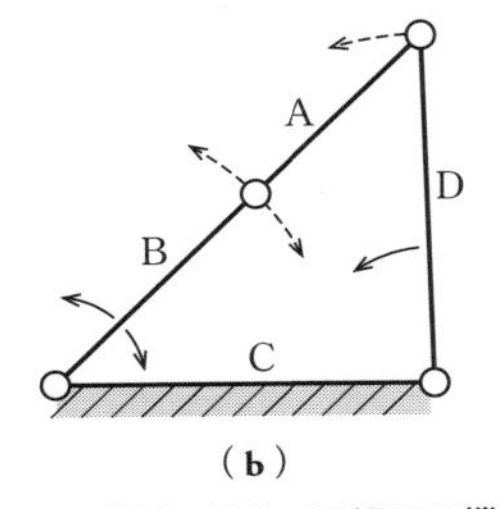

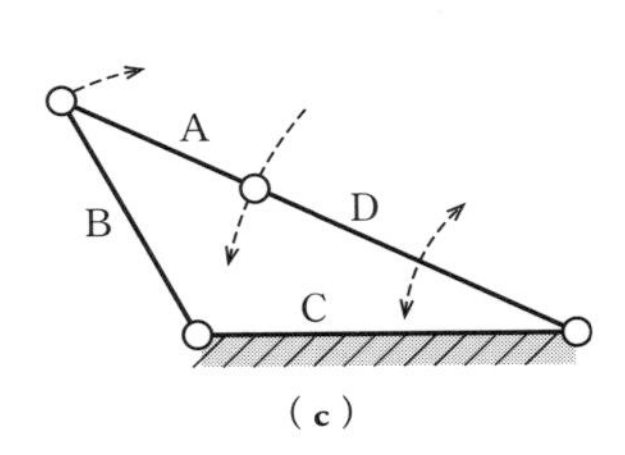

図 3·109　二組てこ機構

また，てこクランク機構の場合に，てこであったリンク（C）を固定すると，図 **3·109** のようにBもDも全回転することができず，揺動して，てことなって運動が伝えられる．これを**二組てこ機構**（Double lever mechanism）という．

（4）　二組てこ機構の応用例　図 **3·110** は，二組てこ機構を布折りたたみ機に応用した例を示したものである．回転板Eの回転からFを媒介として，まずBが揺動すると布引き金具Aを仲介としてDも揺動し，Aは向きを変えながら移動し，布を左右に導いて折りたたむ．

図 3·110　布折りたたみ機の機構

図 **3·111** は，これを扇風機の首振り運動に利用した例である．これはやや前記のものと異なり，原節すなわち運動を起こすものは，クランクに相当する節Aである．Cというリンクを扇風機台に固定するか，あるいは台の一部分として固定リンクとする．Aが電動機から歯車によって回されると，Cと，Aを連結するBおよび扇風機の軸Dが，二組てことなって揺動する．

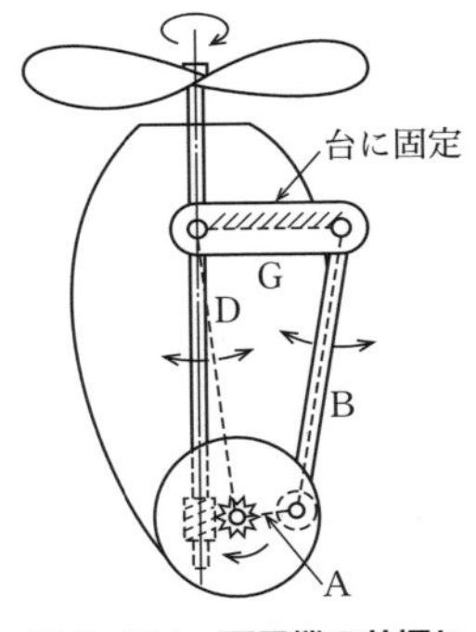

図 3·111　扇風機の首振り機構

図 **3·112** は自動車の前車輪のかじ取り装置を示したもので，左右の車輪の軸を連結して，同時に揺動させる

ものである．C，Dは車輪を揺動させる棒であって，Bは連結棒，Aは固定車軸である．かじ取り装置からEを揺動させることによりCを揺動させると，Dがそれにともなって揺動する．長さの関係は，前の四節回転機構とやや異なって，CとDが短くなっている．

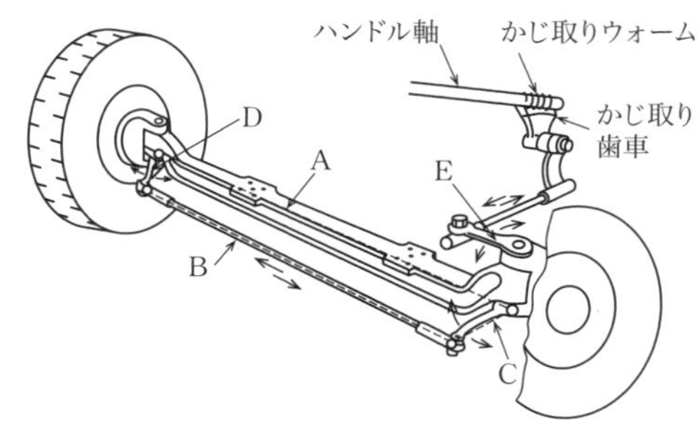

図 3·112 自動車の前車軸の運動
（リンクの特殊な長さによる両てこ機構）

2. スライダクランク連鎖

図 **3·113**（**b**）のように，四節回転機構のてこCの運動を，円弧状の溝の中にスライダ（すべり子）をすべらせる運動に変えても，同様な運動伝達ができる．この溝の曲がっている半径を無限大にすれば，溝は直線状になり，すべり子は直線往復運動をする．これを**スライダクランク連鎖**（Slider crank chain）という．

この溝の中心線が，同図（**c**）のように，クランクAの回転中心を通っているのが一般的である．この機構も，固定するリンクを変えることによって，さまざまな機構をつくることができる．

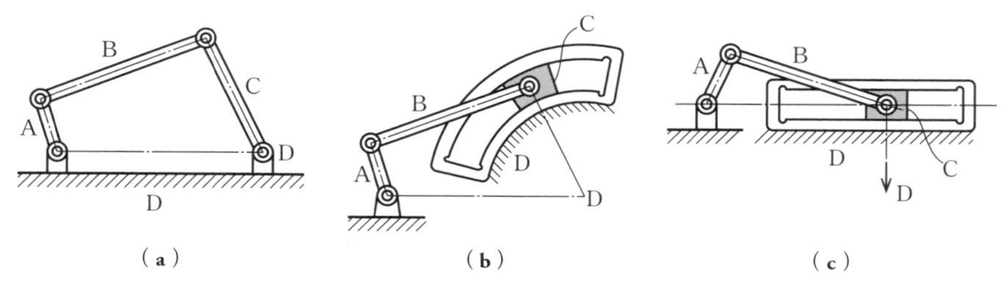

図 3·113 スライダクランク連鎖

（1） **往復スライダクランク機構** 図 **3·113**（**c**）の溝に相当するリンクDを固定したものを，往復スライダクランク機構という．これは，スライダCを往復直線運動させ，連結節Bを仲介として，クランクAに回転運動を伝えたり，あるいは反対にクランクを回して，スライダに往復直線運動を与えたりする機構である．

ガソリンエンジンなどの**ピストン**（Piston）の往復運動を，**連接棒**（Connecting rod，コンロッド）を通して**クランク軸**（Crank shaft）の回転運動に変えるの

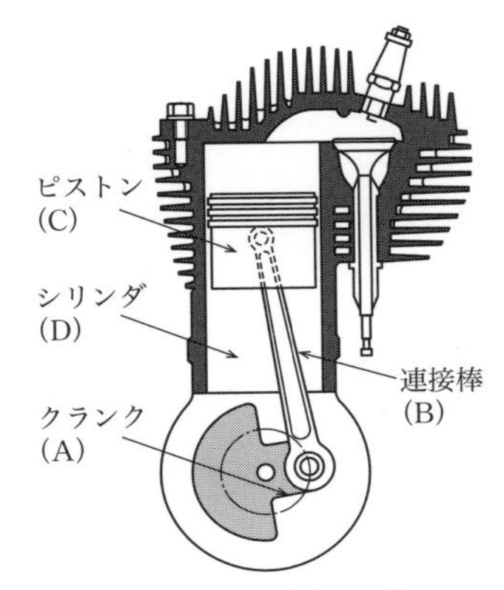

図 3·114　内燃機関の機構

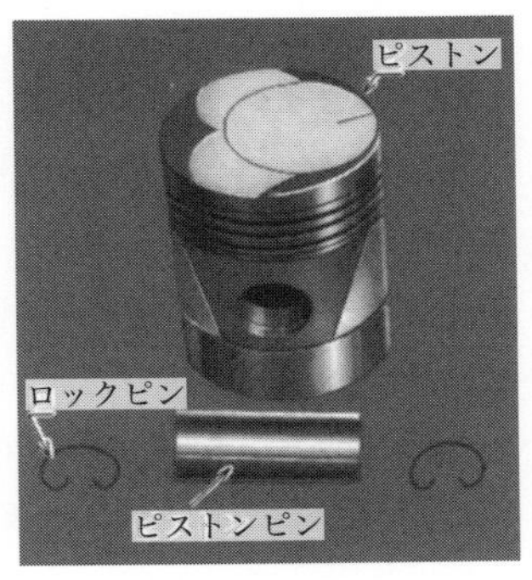

図 3·115　ピストン

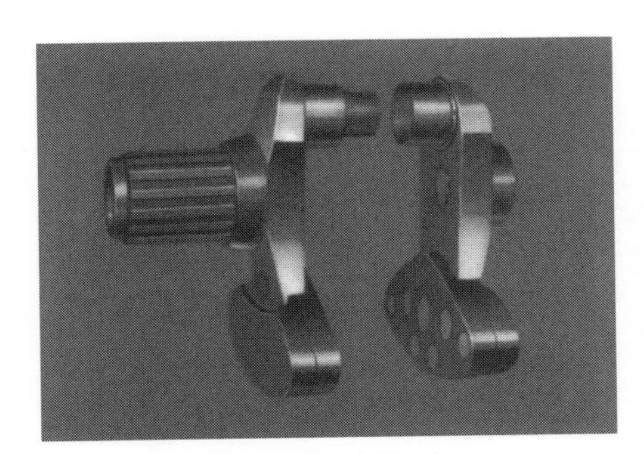

図 3·116　クランク

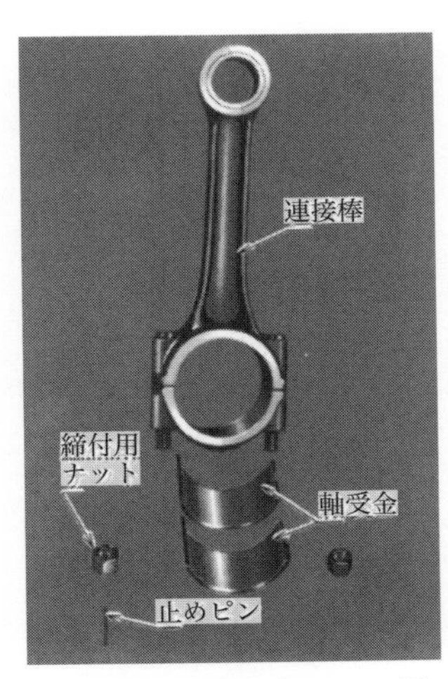

図 3·117　連接棒（コンロッド）

は，この例である（図 3·114）．この場合のスライダは，一方が開口した円筒状のピストン（図 3·115）になり，溝も一方が開口した円筒状の**シリンダ**（Cylinder）となる．クランクは一部分の曲がった回転軸（図 3·116）になり，仲介節も特殊な形状の連接棒（図 3·117）となる．

この構造に運動を反対に作用させ，すなわち，クランクを動力で回してピストンをシリンダ内で往復運動させて，流体を送り出すのが**往復ポンプ**（Reciprocating pump）である．

図 3·118 は往復ポンプの 1 種類であるが，図の場合は，スライダはエンジンのピストンのよう

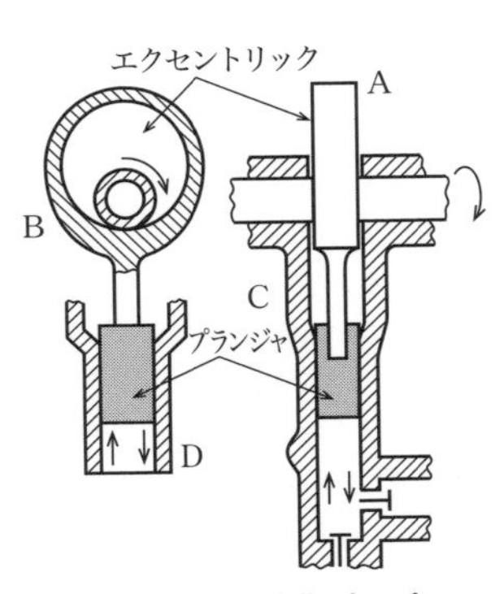

図 3·118　往復ポンプ

な円筒形ではなく，ただの棒状になっている．これを**プランジャ**（Plunger）という．

図**3・119**は，ミシンの針棒を上下させるところに，この機構を用いた例を示したもので，ミシンの上軸によってクランク円板（天びんカム）を回転させ，その中心をはずれた一部に，針棒クランクロッドが連結され，その他端に針棒が連結されている．

この場合も，クランクは天びんカムの端面である円板形になっている．連結節にあたるクランクロッドの取り付け部は円板の中心と偏心しているが，回転中心は円板の中心である．

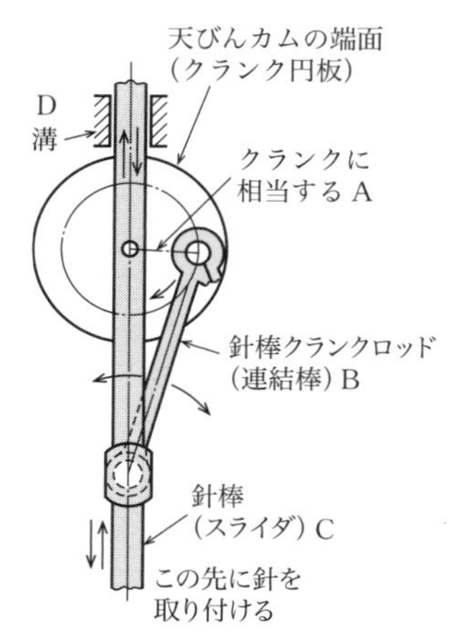

図 3・119　ミシンの針棒

（2）　揺動スライダクランク機構　図**3・120**（**a**）のように，スライダクランク連鎖の連結節を固定した場合，クランクを回転させれば，溝およびスライダは，スライダ軸の周囲を揺動する．溝はスライダとの間をすべり動きながら揺動する．これを揺動スライダクランク機構という．

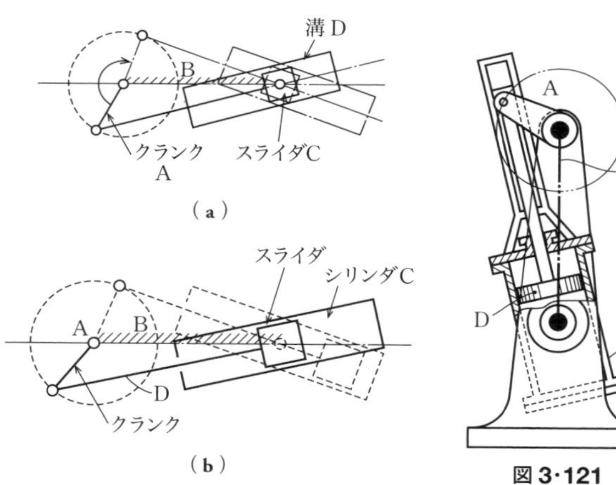

図 3・120　揺動スライダクランク機構

図 3・121　筒振り機関

同図（**b**）は，同図（**a**）の場合の溝がスライダとなって，クランクに結合され，スライダに相当する部分が溝（シリンダになっている）となってBの周囲を揺動する．連結節Bは枠となって固定され，これらを支えている．

図**3・121**は，この原理を応用した筒振り機関を示したものである．シリンダは，固定軸Bを中心として揺動しながらクランク軸Aに回転を伝えるのである．

（3）　回りスライダクランク機構　スライダクランク機構の場合，クランクを固定したときは，図**3・122**のように，溝Dと連結節Bは全回転運動をする．スライダCは，溝の中をすべりながらBによって回転運動をする．これを回りスライダクランク機構という．

図**3·123**は，これを応用した立て削り盤のラムの往復運動の早戻り機構を示したものである．円板の回転中心O_2と偏心して溝Dの回転軸中心O_1があり，O_1, O_2の位置は固定している．すなわち，$\overline{O_1O_2}$というA節は固定されている．

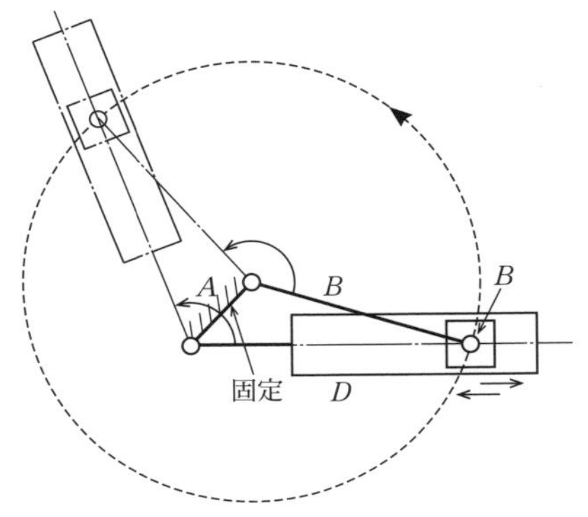

図**3·122**　回りスライダクランク機構

Cというスライダが溝Dの中をすべりながら，円板（棒Bで代表されるもの）の回転によって溝Dを全回転させる．ラムは連結棒Eによって，この溝付き棒Dの他端の溝中に連結されている．なお，連結される位置は，ねじで調節ができるようになっている．

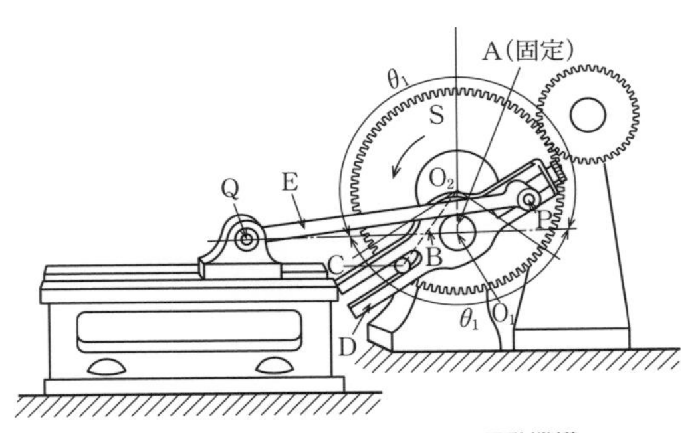

図**3·123**　立て削り盤のラムの運動機構

この機構では，ラムが右向きの運動をする間に品物を削り，左向きの運動をするとき刃物が戻る．品物を削る右向きの運動は，回転盤の回転角がθ_1である間であって，この間はゆるく動き，戻り運動はθ_1より小さいθ_2の回転角の間に行なわれるので急速に運動する．したがって早戻り機構になる．

回りスライダクランク機構において，固定節になったクランクに相当する節（A）が，連結節（B）より長いときには，溝（D）は全回転をせずに揺動運動をし，揺動スライダクランク機構に似たような運動をするようになる．

図**3·124**は，このような運動をする形削り盤の早戻り機構を示したものである．ラムの刃物が品物を削る運動は，連結節に相当する円盤のθ_1という角度の回転の間であって，刃物の戻る運動は，θ_2の角度の回転の間である．このときも，θ_2がθ_1より小さいので早戻り機構になる．

図**3·125**は，ミシンの下軸の運動伝達に，この機構を用いた例を示したものである．大振り子が揺動して，スライダを仲介として連結棒に相当する小振り子を揺

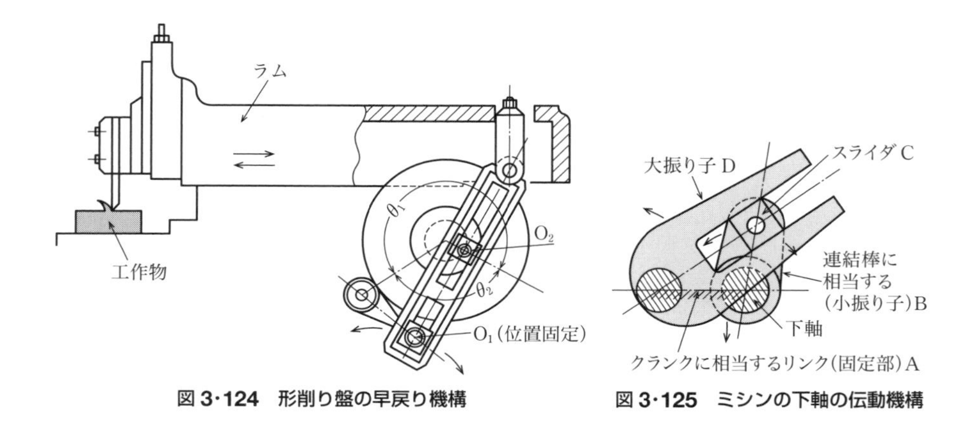

図 3·124 形削り盤の早戻り機構

図 3·125 ミシンの下軸の伝動機構

動させ，下軸に揺動運動を起こさせる.

3. ダブルスライダクランク連鎖

図 **3·126**(**a**)のように，往復スライダクランク機構のクランクAの運動は，溝Eの中をすべるスライダFに置き換えることができる．スライダFと連結棒Bとは，たがいに回転できるようにピンで連結してある．この溝Eの円の半径Aを無限大にすれば，すなわち，溝を直線にすれば，2つの溝EとDは直交し，スライダC_1，C_2はたがいに直角方向にすべり運動をする〔同図(**b**)〕.

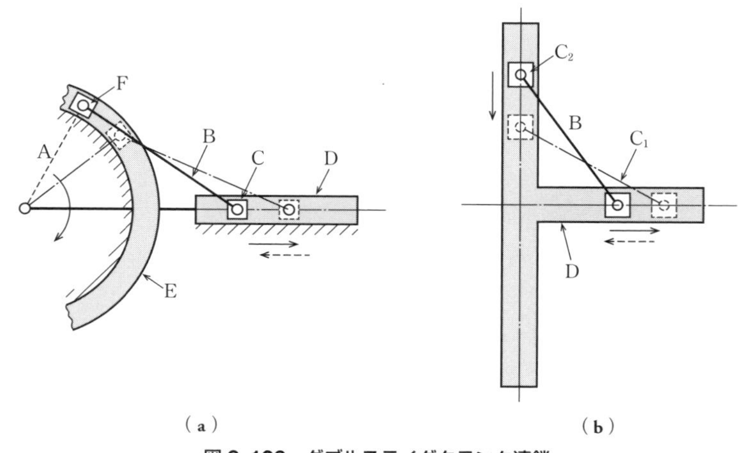

図 3·126 ダブルスライダクランク連鎖

この2方向は，必ずしも直角方向でなくてもよい．このような機構を，**ダブルスライダクランク連鎖**（Double slider crank chain）という．この場合も，やはり固定するリンクによって種々の機構が得られる．

2章の軸継手の項で述べたオルダム継手は，これを応用したものである．図**3・126**(**b**)において，C_1，C_2に2軸をおいて回転させ，これに溝を設けた円板を固定し，T字形（あるいは十字形）溝に相当する十字形突起をもった円板を仲介として，2軸間に回転を伝える．

図**3・127**は，図**3・126**の機構を変形したダブルスライダクランク連鎖を示したものである．スライダC_1を溝として固定し，溝のDの部分をスライダにしたもので，これは連結棒Bの回転固定端を，左のほうに移したものと考えることができる．連結節に相当するBがクランクとなって回転して，Dという棒に往復運動を伝える．Bが等速回転運動をするとき，このDの運動はいわゆる単弦運動をする．これは印刷機や給水ポンプに応用されている．

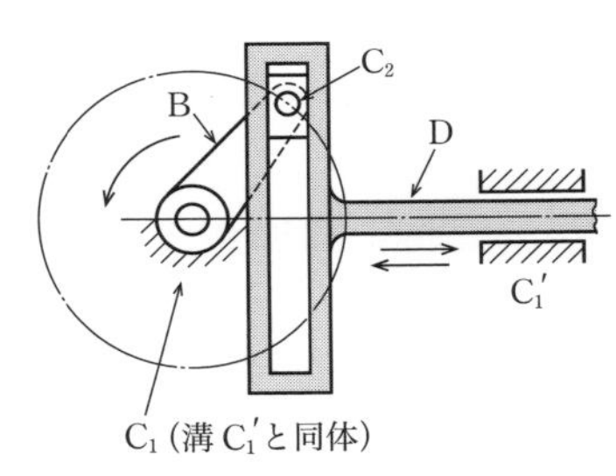

図 3・127
ダブルスライダクランク連鎖の変形

4. 球面リンク装置

これまでのリンク装置は，各リンクが平面上の運動をし，回転軸は運動平面に垂直ですべて平行であった．もし回転軸が交わるような場合には，このようなリンク装置は使うことができない．このときは，2軸の交点を中心とする球面の上に，運動するリンク装置を使えばよい．これを**球面リンク装置**（Spheric chain）という．

図**3・128**は，球面リンク装置の運動機構を示したものであって，これは平面運動の四節回転機構に相当する．すなわち，球面上にある曲がった4つの棒をピンで結合しており，そのピンの軸の方向は，すべて球の中心（O）に向かっている．これを**球面四節回転機構**あるいは**放射軸四節回転機構**という．

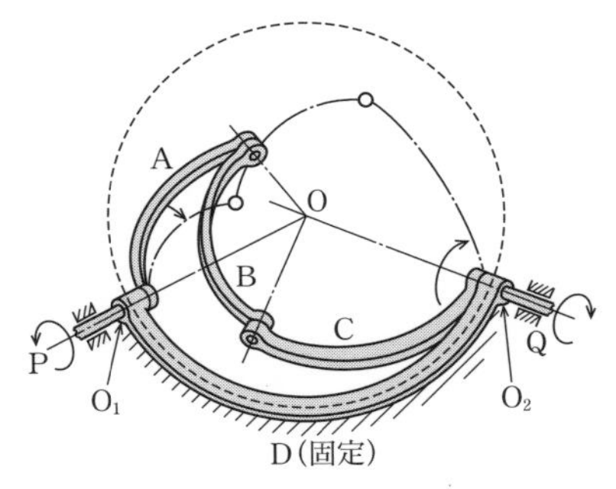

図 3・128　球面四節回転機構

平面の四節回転機構のように，Dを固定し，AをO_1軸の周囲に回転させれば，Bを仲介としてCがO_2軸の周囲を回転する．O_1，O_2のところに2つの軸P，Qをおけば，Pを1回転させることによりQを1回転させることができる．**2**章で述べた**フックの軸継手**は，これを若干変形して応用したものである（図**2・64**，図**2・65**参照）．

3・8 間欠的運動伝達用要素

1. 間欠機構

原節が連続的な運動をしているにもかかわらず，従節に間欠的に運動が伝えられるような機構を**間欠機構**（Intermittent motion mechanism）という．

2. クリックとラチェット車

図**3・129**(**a**)に示すように，四節回転機構のクランクをのこぎりの刃のような歯のついた車Aに変えたものが**ラチェット車**（Ratchet wheel）で，ラチェット車Aが連結節に接するところをピン結合とする代わりに，その歯にちょうど接触するようなつめの形にしたものが**クリック**（Click）である．

同図(**a**)に示すように，てこCと一体になっているハンドルHを左に揺動させると，クリックによりラチェット車の歯が押されて，ラチェット車が左に回転する．ハンドルHを右に回転させれば，クリックはラチェット車の歯の上をすべりながら戻り，運動は伝えられない．

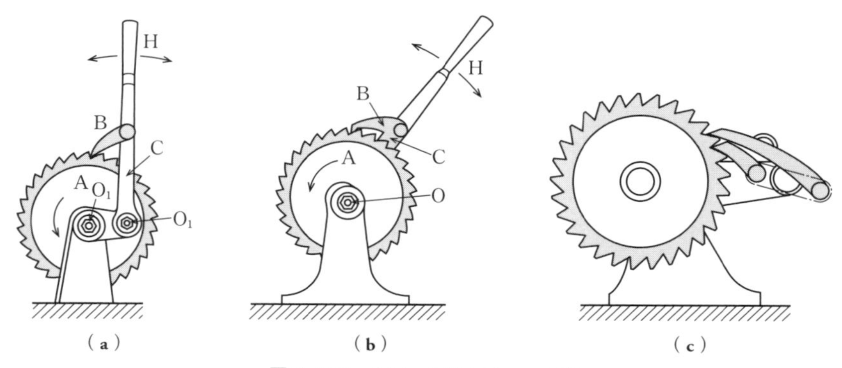

図3・129 クリックとラチェット車

したがって，ハンドルを左右に連続揺動させることにより，ラチェット車は一方向に間欠的に運動をする．この装置は，ラチェット車が原車となって，ほかのリンクに運動を伝えているときに，逆回転を防ぐために用いられることもある．

同図(**b**)は，ラチェット車の軸とハンドルの回転軸を一致させた場合を示したものであり，同図(**c**)は揺動するてこの両端に2つのクリックをつけて，一方が回転を伝えているときは一方は反対に動いて，ラチェット車の歯の上をすべり，交互に運動を伝えて連続回転運動を伝えるようにしたものである．

図**3·130**は，この機構を応用したねじ回し用ラチェットレンチを示したもので，ハンドルを全回転することなく，ある範囲だけ揺動すれば，クリックによってラチェット車を回して，ねじ回しを一方向に回すことができる．

クリック
ラチェット

図3·130　ねじ回し用ラチェットレンチ

図**3·131**は，形削り盤の送り装置への応用例で，クランクAを回転させれば，四節回転機構により，クリックをもったリンクCが揺動し，これによってクリックから間欠的にラチェット車に回転を伝え，送りを与えるものである．

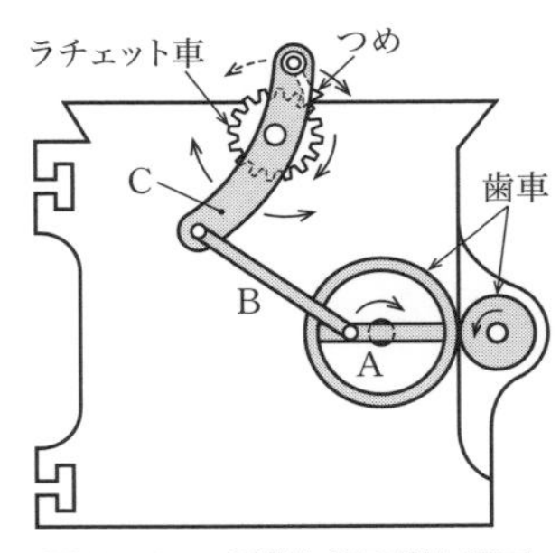

図3·131　形削り盤の送り装置

3.　欠け歯歯車による間欠運動

図**3·132**は，一部分の歯を欠いた歯車を用いて間欠運動を伝える場合を示したもので，同図(**a**)の場合は，1枚の歯だけを残して，ほかの歯は全部なくしたものである．この場合は，欠け歯

(a)

(b)

(c)

図3·132　欠け歯歯車

歯車の1回転中に，1枚の歯がかみ合うときだけ回転を伝えるから，欠け歯歯車1回転で相手の歯車は歯1枚分だけしか回転しない．同図(b)，(c)は部分的に数枚の歯を欠いたものである．

図3·133は，ピン歯車の歯を1本だけ残し，ほかは欠け歯になっている場合を示したもので，これは**ゼネバ歯車**（Geneva gear）と呼ばれている．ゼネバ歯車は，時計のぜんまいの巻きすぎを防ぐのに利用されている．

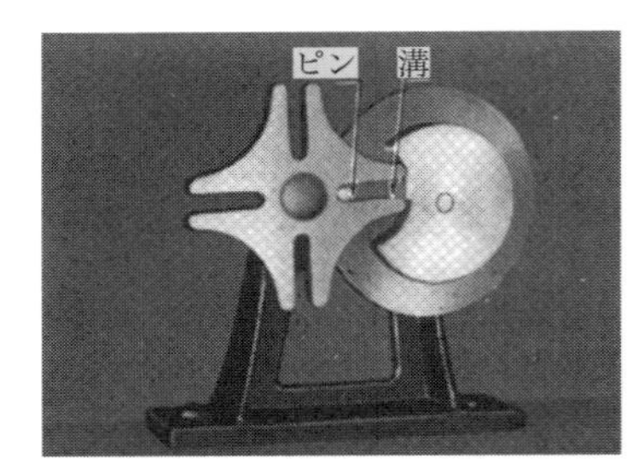

図3·133　ゼネバ歯車

3章　練習問題

問題 3·1　軸受にはどんな種類があるか.

問題 3·2　スラスト軸受はなぜ必要か. 身近なところではどこに使われているか.

問題 3·3　軸受金を用いるのは, どのような理由からか.

問題 3·4　軸受金の材料として必要な性質を述べよ.

問題 3·5　ホワイトメタルとは何に用いる材料か.

問題 3·6　転がり軸受にはどんな種類があるか.

問題 3·7　潤滑の必要な理由を述べよ.

問題 3·8　摩擦車とはどんなものか. 実用例をあげよ.

問題 3·9　巻き掛け伝動装置には, どのような種類があるか.

問題 3·10　V ベルトとはどんなものか.

問題 3·11　歯車のピッチ円, モジュールを説明せよ.

問題 3·12　歯形曲線にはどんなものがあるか.

問題 3·13　歯車にはどんな種類があるか.

問題 3·14　ピン歯車とはどんなものか.

問題 3·15　ウォームとウォーム歯車の用途とその構造を説明せよ.

問題 3·16　歯車装置の回転比は, 何によって定められるか.

問題 3·17　プラネタリ型の速度伝達比の求め方を説明せよ.

問題 3·18　差動歯車装置の実例をあげて, その作用を説明せよ.

問題 3·19　カムとはどんなものか. カム機構の種類にはどんなものがあるか.

問題 3·20　四節回転機構とはどんなものか.

問題 3·21　往復スライダクランク機構とはどんなものか.

問題 3·22　球面リンク装置を説明せよ.

問題 3·23　間欠機構とはどんなものか. また, どのようなものがあるか.

4

運動制御用機械要素

機械の運転に際しては，場合に応じて機械部分の運動を制御して停止させたり，速度をゆるめたり，運動範囲を制限したり，あるいは間欠的に停止させたりすることがある．このような，機械の運動を制御するおもな要素としては，ブレーキ装置，ばね，エスケープメント（逃がし止め装置）などがある．

4･1　ブレーキ

ブレーキ（Brake）は，運動に逆らうような方向の力（抵抗）を運動体に与えて，その運動を遅くさせたり，停止させたりするものであって，これには機械的な摩擦を利用するものと，流体の抵抗を利用するものとがある．

1.　ブロックブレーキ

ブロックブレーキ（Block brake）は，図**4･1**に示すように，回転軸に取り付けた回転胴の一部に，**ブロック**（Block，枕）を押し付け，その摩擦力で制動するものである．ブロックを押し付けるには各種の方法があるが，図に示したブロックブ

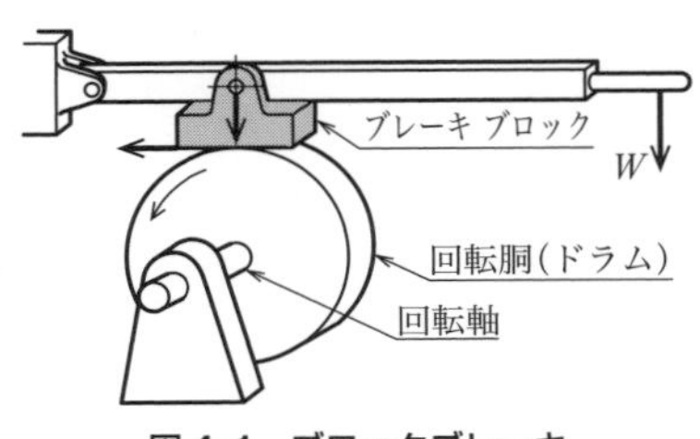

図 4･1　ブロックブレーキ

図 4･2　自転車のブロックブレーキ

レーキの場合は，てこを使い，その中間部にブロックを取り付けたものである．この場合，どちらの方向の回転をも制動するが，図の場合は左回りのときのほうがハンドルに加える力が小さくて済む．

図 **4･2** は，自転車の車輪に用いられたブロックブレーキを示したもので，ブロックをレバーで引き上げて，車輪のリムの内側に押し付けるようにしたものである．

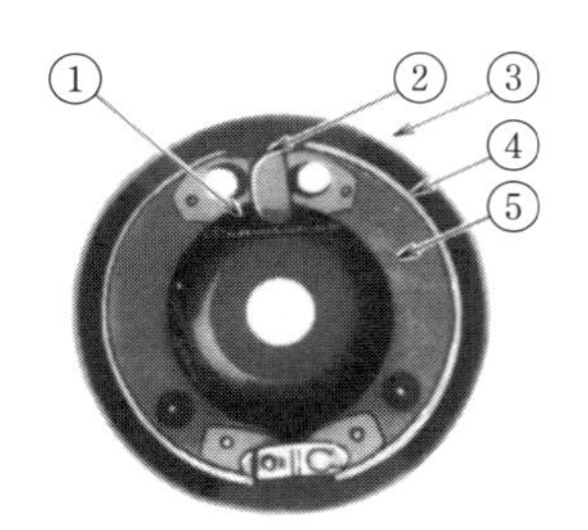

① ばね　② カム
③ ブレーキドラム
④ ブレーキライニング
⑤ ブレーキシュー

図 4･3
内部拡張式ドラムブレーキ

図 **4･3** は，自動車の車輪などに用いられている内部拡張式のブレーキを示したものである．車輪の内部にある**ブレーキシュー**（Brake shoe, ブレーキ片）を広げて車輪の内側に押し付け，ブロックブレーキと同様に制動するものである．このブレーキシューは，足でペダルを踏むか，手でブレーキレバーを引くかして，リンク装置を経てブレーキカムを回転させることによって広げる．

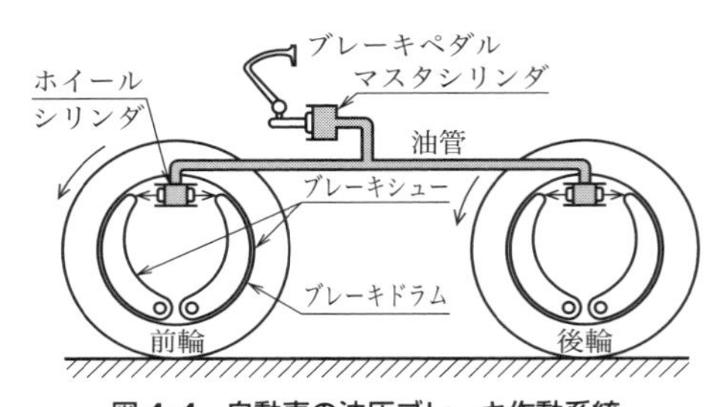

図 4･4　自動車の油圧ブレーキ作動系統

この場合，カムによらず，油圧や圧縮空気の圧力により，シリンダの中の油圧をピストンに作用させて，ピストンのはたらきによってブレーキシューを広げるものである（図 **4･4**）．これを**油圧ブレーキ**または**空気ブレーキ**という．ブレーキのブロックには，木やゴムのような，摩擦力の大きいものを用いる．

2.　バンドブレーキ

バンドブレーキ（Band brake，帯ブレーキ）は，図 **4･5** のように制動用の回転胴 D の外周に，制動用バンド C を巻き付け，レバーでこれを引張り，胴を締め付けて，胴とバンドとの間の摩擦力で，制動するものである．制動用のバンドには，内側に木・皮・織物・青銅のような摩擦の大きい材料からできている**ライニ**

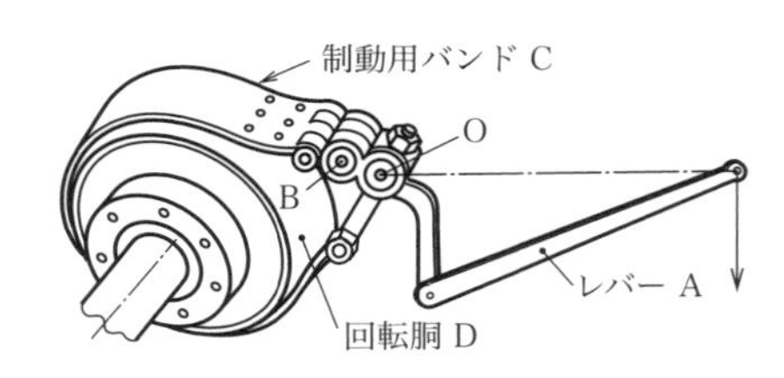

図 4･5　バンドブレーキ

ング（Lining，内張り）をつけてある．

図 **4･5** の場合，レバー A を下方に引けば，O を回転軸として B 点を上に引くので，バンドを引いて胴を締める．

図 **4･6** は，自転車の後輪に取り付けたバンドブレーキの例を示したものである．

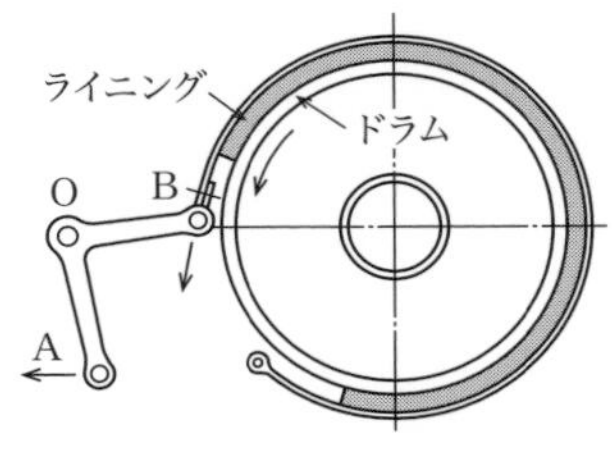

図 4･6　自転車のバンドブレーキ

3.　その他のブレーキ

前記のほかに，**2** 章の軸継手の項で述べた円板式クラッチ，円すい式クラッチ，遠心式クラッチの機構と同様のものを，ブレーキとしてはたらかせる場合もある．

また，油や水の中で羽根車を回して，その抵抗で制動するものや，空気中でファンを回して，その抵抗で制動するものなどがあるが，これらはおもに動力計として利用されている場合が多い．

4･2　ばね

1.　ばねの種類

機械部品に力が加われば，機械部品は若干変形する．しかし，力を取り去ればもとに戻る．このような性質を**弾性**（Elasticity）という．ところが，この加える力を徐々に大きくしていくと，力を取り去っても，もとに戻らないようになる．このような変形を**永久変形**という．また，力を取り去った場合に，もとに戻る範囲を**弾性限界**（Limit of elasticity）という．この変形は量的にきわめて小さく，とくに変形を考慮する必要はない場合が多いが，細長い材料または薄板を用い，弾性限界内で割合に大きな変形をさせて，そのときの弾性を利用するものが**ばね**（Spring）である．

ばねは衝撃の緩和，運動や圧力の制限，力の測定，エネルギーの貯蔵などの目的で，機械の各部に広く用いられている．衝撃緩和の目的で用いられている例としては，自転車や自動車，その他の車両などの座席や車体の下のばねがその例であり，運動や圧力の制限の目的で用いられている例としては，内燃機関のバルブ弁用ばねや，圧力容器の安全弁に取り付けてあるばねなどがその例である．

また，ばねは，弾性限界以内では加えた力とその変形量とが比例する性質がある

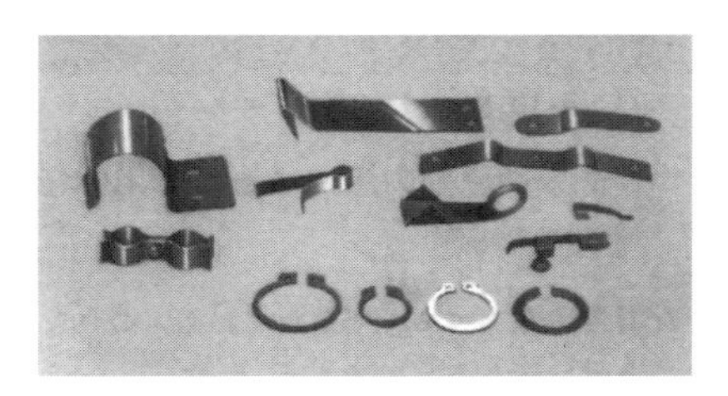

図4·7　板ばね

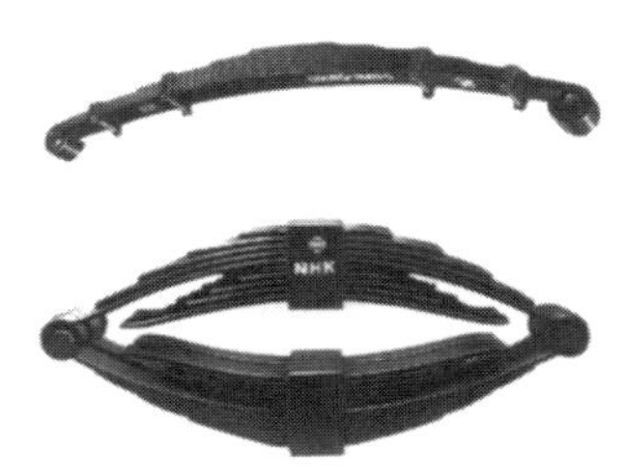

図4·8　車両用重ね板ばね

ので，この性質を利用してばねばかりなどの測定器にも用いられ，力を測定する役目をする．また時計のぜんまいなどは，これを巻き込んでエネルギーを蓄えるために用いられるばねで，この蓄えられたエネルギーを徐々に出して，時計の歯車に長時間回転を伝えるのである．

ばねは，その形状から次のような種類に分けられる．

（1）　**板ばね**(Flat spring)　薄い板でできているばねが板ばねで，薄い板1枚でできている場合（図4·7）と，これを数枚重ね合わせた場合（図4·8）とがある．前者は割合に小さい力のかかるところに用いられる．後者は自動車や鉄道車両の車台の緩衝用など，大きな力のかかるところに用いられる．

（a）　引張り用コイルばね

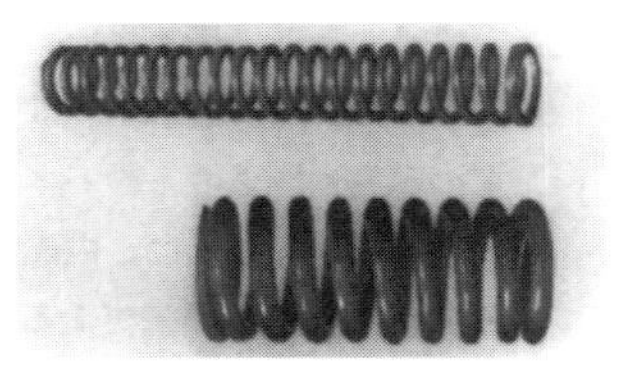

（b）　圧縮用コイルばね

（c）　ねじり用コイルばね

図4·9　コイルばね

（2）　**コイルばね**(Coil spring)　断面円形または四角形の弾性の大きい鋼棒などを，円筒の周囲につる巻き状に巻いたばねがコイルばねである．

これには，引張りの力が作用する引張り用コイルばね〔図4·9(a)〕と，圧縮力が作用する圧縮用コイルばね〔同図(b)〕，ねじり力が作用するねじり用コイルばね〔同図(c)〕などがある．また，外形から円筒コイルばね，円すいコイルばね，つづみ形コイルばね，たる形コイルばねなどに分けられる．

（3）　**渦巻きばね**(Spiral spring)　帯状の板あるいは針金のようなもの

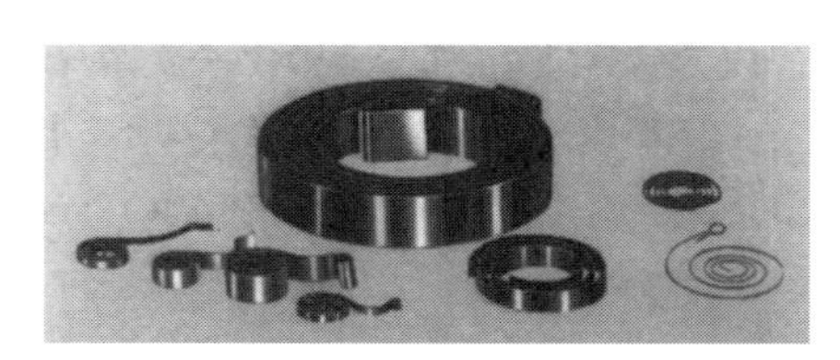

図4·10　渦巻きばね

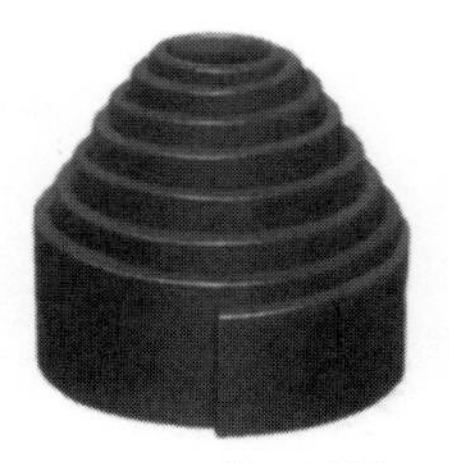
図 4·11　竹の子ばね

を，渦巻き状に巻いたばねが渦巻きばねである（図 **4·10**）．これは**ぜんまい**ともいわれ，時計の原動ばねや計測器類の戻しばね，おもちゃの原動力用ばねとして用いられる．

このばねを巻き込んでエネルギーを蓄え，これを動力源として運動を伝えるものである．

渦巻きばねを軸方向に引き伸ばすと，竹の子のような形になる．これを**竹の子ばね**（Volute spring）という（図 **4·11**）．これは圧縮用に用いられ，オートバイの車体の緩衝用や，ポンプの弁の運動制御に用いられる．

（4）**棒ばね**（Bar spring）円形または角形断面の長い鋼棒を，そのままばねとして用いることがある．このばねを棒ばねまたは**トーションバースプリング**（Torsion bar spring）といい，これには，外力はねじりまたは曲げとしてはたらく（図 **4·12**）．

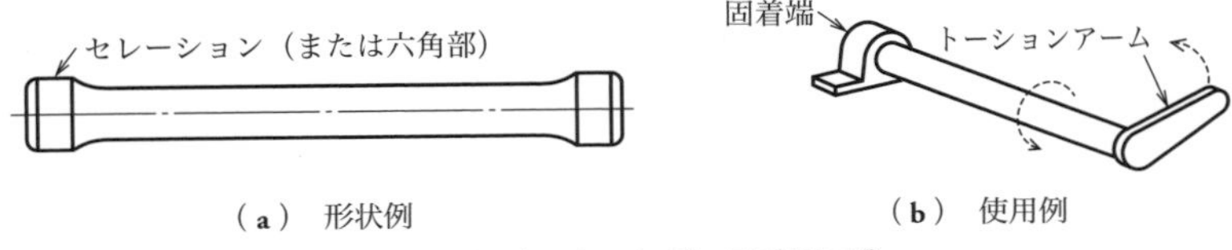

（a）形状例　（b）使用例
図 4·12　トーションバースプリング

（5）**その他のばね**　ばねには，以上のほかに圧縮空気や油圧を利用したものもある．圧縮空気を用いたばねは，自動車の緩衝用として，ちょうちん形の**エアベロー**（Air bellow）の中に圧縮空気を入れた**エアサスペンション**（Air suspension）が用いられている（図 **4·13**，図 **4·14**）．

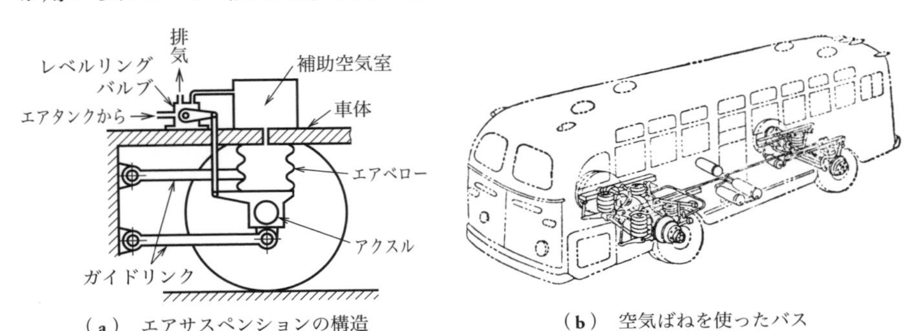

（a）エアサスペンションの構造　（b）空気ばねを使ったバス
図 4·13　エアサスペンション

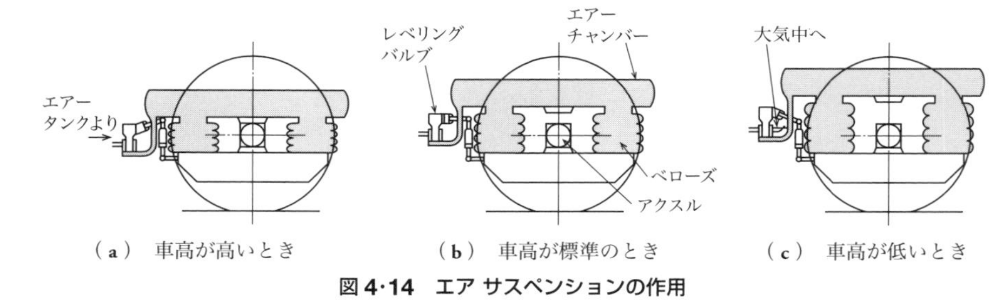

（a） 車高が高いとき　（b） 車高が標準のとき　（c） 車高が低いとき

図 4·14　エア サスペンションの作用

また，油圧を用いたばねとしては，自動車の車輪の緩衝用として用いられる**オイルクッション**（Oil cushion，図 4·15）などがある．

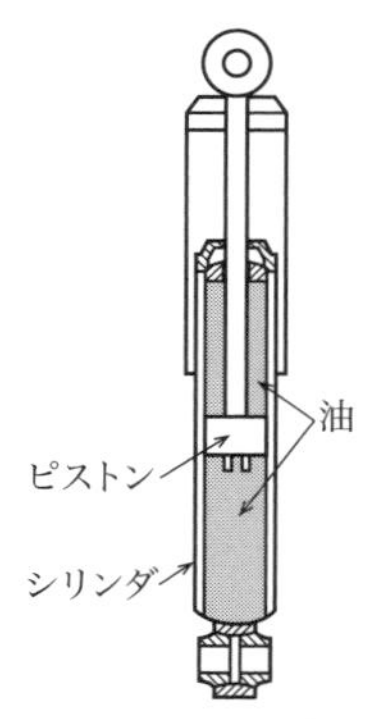

図 4·15　油圧ばね
（オイルクッション）

2.　ばね用材料

ばね用材料としては，強さが大きくて粘り強いことが必要なので，ばね鋼（Spring steel），鋼線，ピアノ線，ステンレス鋼線などのほかに，黄銅（Brass），青銅（Bronze），洋銀（German silver），ゴム，プラスチックなどが用いられ，また上記のように，油・空気のような液体・気体なども用いられる．

3.　ばねの略画法

ばねも，ねじや歯車のように正確な投影図で描き表わすと，なかなか手間であり，その必要のないことも多く，また，荷重のかかったときと，かからないときとでは形状が異なるので，JIS ではその製図の方法や省略画法を規定している．その要点を次に述べる．

コイルばね，竹の子ばね，渦巻きばねは，無荷重のときの状態で，重ね板ばねは常用荷重のときの状態で描くのを標準とする．荷重時の状態で描いて寸法を記入する場合には，荷重を記載する．

一般に，両端を除いた同一形状の部分を一部省略する場合は，その線径の中心線のみを，細い一点鎖線で表わす〔図 4·16（a），（b）〕．

ばねの種類や形状だけを表わす場合は，ばねの中心線を太い実線で描く〔同図（c）〕．またコイルばねは，組み立て図や説明図などではその断面だけで表わして

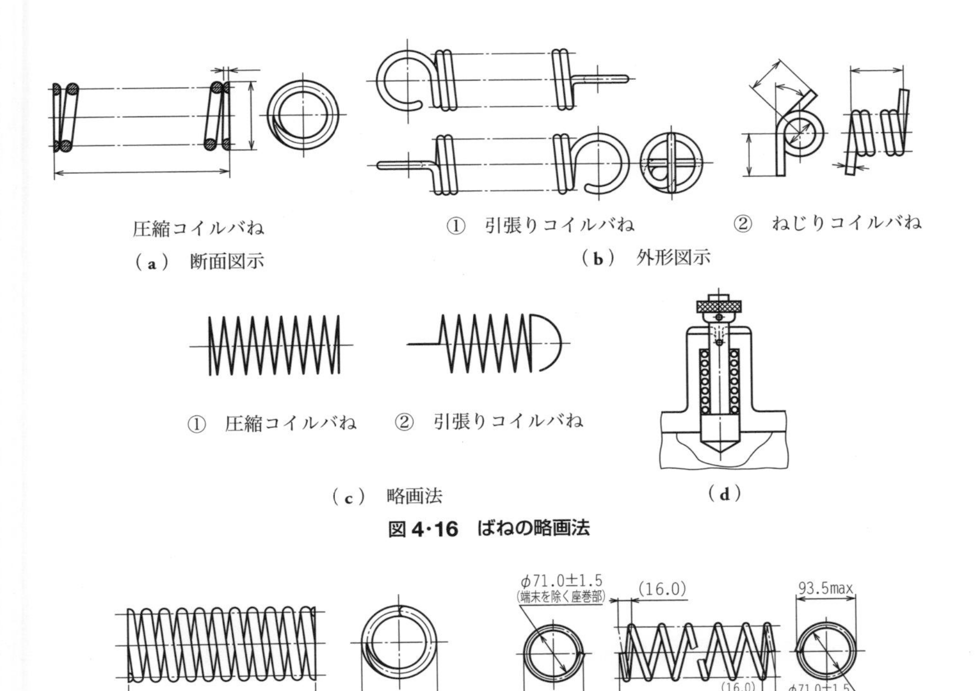

図 4·16　ばねの略画法

図 4·17　圧縮コイルばねの製作図例

もよい〔同図(**d**)〕.

コイルばね等の左巻きのものは“巻き方向左”と記入し，右巻きのものは何も記入しない.

コイルばねを図示するときは，らせんの投影や，両端の座に接する部分の角度の変化しているところは，簡単に直線で表す（図 **4·17**）.

4·3　エスケープメント

運動している物体に間欠的に妨害を加えて，運動を間欠的に制限する機構を，**エスケープメント**（Escapement，逃がし止め装置）という．この機構は等時的な間欠運動を伝えるのに用いられ，時計の**がんぎ車**（Escape wheel，雁木車）や機械式カメラのシャッタなどに応用されている．

図 **4･18** は，**アンクルエスケープメント**（Anchor escapement）と呼ばれるもので，家庭用時計によく用いられている．図において，がんぎ車 A はぜんまいなどの仕掛けから動力を受けて回転しており，その周囲には傾斜のついた突起がある．B はいかり形の**アンクル**（Anchor）で，時計のテンプの軸に固定され，両端に傾きの異なる斜面（ab，cd）がついている．

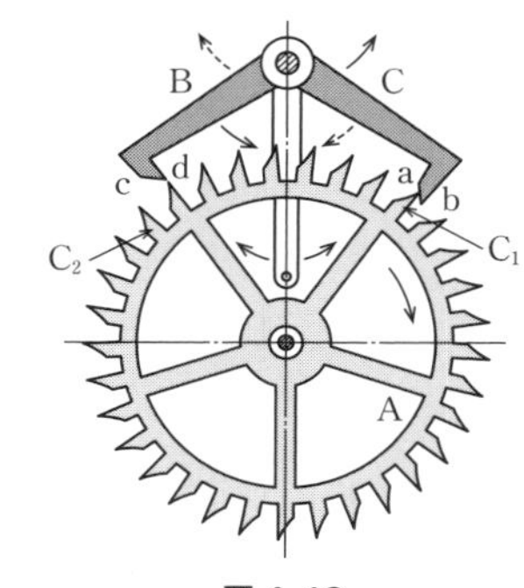

図 4･18
アンクルエスケープメント

いま，図の位置では，A の突起の 1 つである C_1 の先端が ab の斜面に接し，A は運動を制御されて，ゆるく回転しながら ab を右回りに揺動させる．C_1 の先端が b 部を離れると，A は勢いよく右に逃げて回る．つづいて C_2 の突起が cd の斜面に接して，同様にこれを左回りに揺動させる．このアンクル B の軸に直接にあるいは間接（連動させて）に振り子あるいは髭ぜんまいをつけておけば，アンクルが等時的に揺動して，時計の時間が規正される．

図 **4･19** は実際の時計に用いられた状態を示したもので，アンクルやがんぎ車の形状も，いくらか簡単な形になっているものが多い．

図 **4･20** は，**シリンダエスケープメント**（Cylinder escapement，**円筒形逃がし止め**）と呼ばれるもので，がんぎ車には図のような斜面をもったつめがあり，この斜面に半円筒形の**シリンダ**（Cylinder）の端が接して，がんぎ車の回転を妨害する．

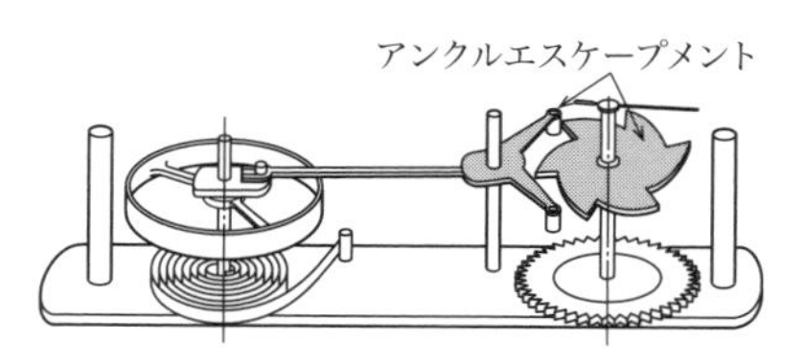

図 4･19　時計のアンクルエスケープメント

がんぎ車が右回転するものとすれば，シリンダの右端が斜面の右に接したときは，シリンダは左に揺動して斜面を離れる．すると，がんぎ車は逃げて急に右に回り，ついでシリンダの左端が次の斜面に接し，シリンダは前と反対方向に右回りに回る．このようにしてシリンダは左右に揺動し，がんぎ車に間欠的な運動を行なわせる．

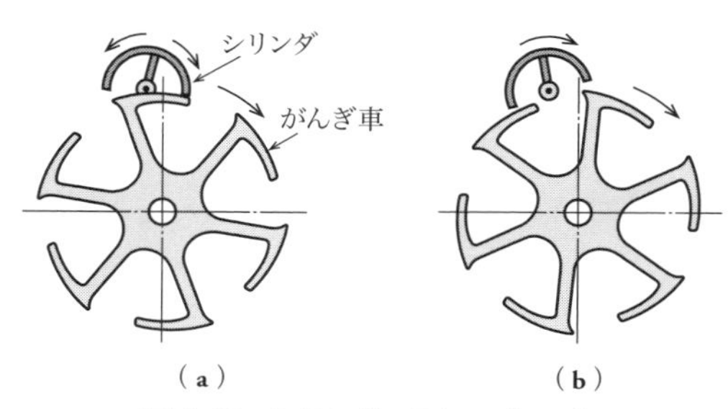

図 4･20　シリンダエスケープメント

4章 練習問題

問題4·1 ブレーキはどのようなものか.

問題4·2 ブレーキにはどのような種類があるか.

問題4·3 自転車に使っているブロックブレーキについて説明せよ.

問題4·4 自動車のブレーキの種類と，その作用を説明せよ.

問題4·5 ブレーキライニングとはどのようなものか.

問題4·6 油圧ブレーキの作用を説明せよ.

問題4·7 流体の抵抗を用いたブレーキには，どのようなものがあるか.

問題4·8 ばねを使用する目的は何か.

問題4·9 ばねにはどのような種類があるか.

問題4·10 コイルばねはどのように利用されるか. 実用例をあげよ.

問題4·11 ばねばかりにばねを利用するのは，ばねのどのような性質を利用するのか.

問題4·12 渦巻ばねは，どのようなところに利用されているか.

問題4·13 エアサスペンションとは何か.

問題4·14 ばねの材料にはどのようなものが使われているか.

問題4·15 逃がし止め装置の作用を，例をあげて説明せよ.

5

流体用機械要素

空気，水，油，その他，流体を導いたり運んだり，あるいはこれらによって動力を伝えたりすることは，機械に広く用いられている．このために共通して用いられる基礎的な機械要素としては，管，管継手，弁類，パッキン箱，パッキン類，圧力容器および流体伝動用要素などがある．これらについて，次に説明する．

5·1 管の種類

管（Pipe，かん）は，その中を通る流体の種類・使用状態などによって各種の材料が用いられる．管に用いられる材料は，鋳鉄，鋼，銅，鉛，黄銅，ゴムおよびプラスチックなどである．

① **鋳鉄管**　鋳鉄管は，製造が容易で値も安く，腐食に対しても強いので，水道管・ガス管などに広く用いられている．中の流体の圧力が 10 kg/cm^2（0.98 MPa）くらいまでの場合に使われる．

② **継ぎ目なし鋼管**　これはシームレスパイプともいい，熱間（加熱した状態）または冷間（常温のままの状態）で継ぎ目なく加工した鋼管である．形状は正確で，強いので，ボイラの水管，蒸気管，高圧力管，構造用鋼管などとして用いられる．

③ **鍛接管**　鍛接管は，軟鋼板を管状に巻いて，継ぎ目を鍛接したものである．水や蒸気の運搬，その他，中の流体の圧力が 500 kg/cm^2（49 MPa）くらいまでの場合に，各種の用途に用いられる．

④ **リベット継ぎ管および溶接管**　これは低圧用の肉厚の薄い，直径の大きな管の継ぎ目を，リベットや電気溶接で継いだものである．

⑤ **銅管および黄銅管**　これらは冷間加工でつくられた継ぎ目なし管で，たわみ

性，耐圧性，耐腐食性がよく，熱伝導がよいので，給水加熱器，油冷却器，蒸留器などの伝熱部分に用いられ，また，圧縮空気，潤滑油，燃料油，水などの輸送に広く用いられる．

⑥ **鉛管** これは，鉛または鉛合金で継ぎ目なくつくられた管であり，屈曲が自由で耐酸性が大きいので，水道やガスの引き込み管に用いられていた．

現代では多くの地域において水道管やガス管に鉛管は使われていない．鉛は水に対して有害な物質であり，長期間の鉛曝露は健康に悪影響を及ぼす可能性があるため，安全性の観点から鉛管の使用は制限されている．

⑦ **たわみ金属管**（Flexible metallic pipe） 図**5･1**に示すように，黄銅または鋼の薄板を特殊な形に折り曲げて，これをコイル状に組み合わせ，漏れ止めにゴムを挟んで管状にしたものである．管内が15 kg/cm^2（1.47 MPa）くらいまでの圧力のところに用いるもので，屈曲が自由であるから，管を極端に曲げて使わなければならないときに用いれば便利である．

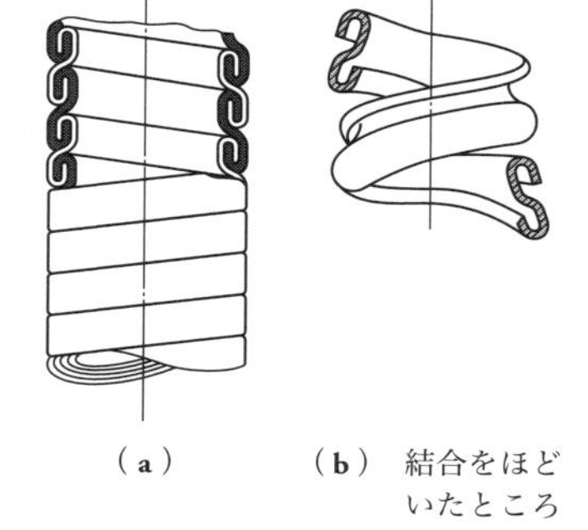

（a） （b） 結合をほどいたところ

図5･1 たわみ金属管

⑧ **ゴムホース**（Rubber hose） 強い布を数枚巻き，これにゴムを結合させたり，さらにこれを数枚重ねたりしてつくったもの，鋼線を巻き込んで高圧に耐えるようにしたもの，あるいは耐熱性・耐油性にしたものなどがある．圧縮空気用，消化ポンプ用，一般水道用，真空用，金属管継手などとして使われる．ゴムホースはその内径を呼び寸法とする．

⑨ **合成樹脂管** これは，ビニル管のほか各種の合成樹脂でつくられ，軟質のもの，硬質のものなどがあり，広く用いられている．高熱になるとやわらかくなり，肉厚が薄いと変形することがある．また，酷寒にはもろくなるおそれがあるので，使用には注意を要する．

5･2 管継手

管を使用するときに，1本の長い管だけでは間に合わないことがあり，また，組み立て・結合上，1本の管ではやりにくいところがある．このような場合には，**管**

継手（Pipe joint）を用いて 2 本以上の管を継がなければならない．管継手には，次のような種類がある．

1. ねじ継手

ねじ継手（Screw joint）は，継手用の短い管にねじを切って，2 つあるいは数個の管をこのねじ部に結合するものである．このねじには管用ねじを用い，さらに漏れ止めのためにシールテープ（生テープ），白ペンキ，麻などを巻いてねじ込む．これらの継手には，継ぎ合わせる管の方向や本数，その他継手の形状などによって図 **5·2** のような種類がある．

（a） エルボ　（b） 45°エルボ　（c） ティー　（d） ソケット　（e） 径違いソケット

（f） ニップル　（g） ブッシュ　（h） キャップ　（i） プラグ　（j） フランジユニオン

図 5·2　ねじ継手

2. フランジ継手

管の直径が大きく，管内の圧力が高いときは，ねじ継手を用いることは不適当であるので，図 **5·3** のように，管にフランジ（つば）を付け，フランジ部をボルトとナットで継ぐ．これを**フランジ継手**（Flange joint）という．

図 5·3　フランジ

図 **5·4** は，各種フランジ継手を示したもので，同図（**a**）は管をフランジにねじ込んだもの，同図（**b**）は両者を溶接またはろう付けしたもの，同図（**c**）は焼きばめしたもの，同図（**d**）はリベット止めしたものである．ま

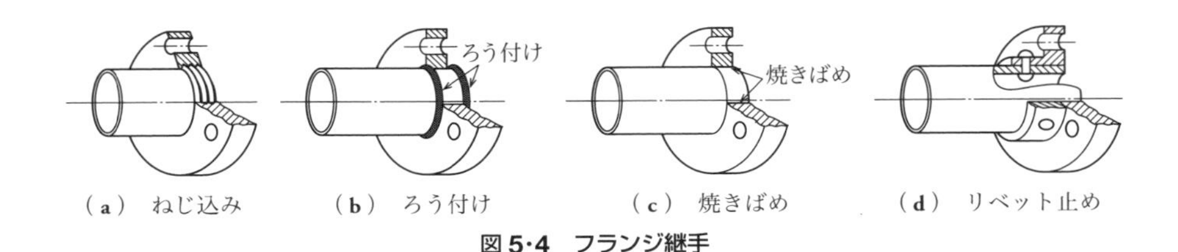

（a） ねじ込み　（b） ろう付け　（c） 焼きばめ　（d） リベット止め

図 5･4 フランジ継手

た，管の端末をフランジにさし込んでから，管端の内方に圧力を加えて広げて結合するものなどもある．

3. いんろう継手

一方の管の端末を広げて，ここに他の管の端末をさし込み，そのすきまには麻や木綿のようなものを詰め込み，さらに鉛を溶かし込んで封じたものを**いんろう継手**（Spigot joint，ソケット継手）という．いんろう継手（図 5･5）は，継手のところでいくらか曲げることができるという特長があり，水道管などに用いられていた．

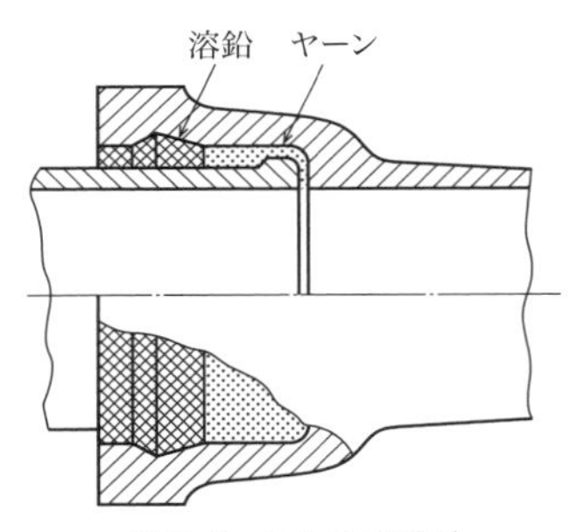

図 5･5 いんろう継手

現代では，鉛の代わりにより安全な材料が使用され，とくに水道やガス供給の管接続において，鉛を溶かし込んで封じたいんろう継手は，鉛の有害性から安全性の観点で避けられるようになった．

4. 伸縮継手

長い管が温度の変化で伸縮すると，装置に無理な力がかかってくるので，この伸縮をどこかで調整する必要がある．この伸縮を調整するようにした継手が**伸縮継手**（Expansion joint）である．

これには各種の形式があるが，図

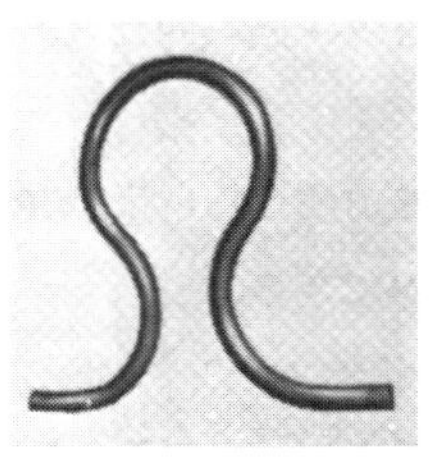

（a） 曲がり管　（b） 波形管

（c） すべり伸縮継手

図 5･6 伸縮継手

5·6に示すのは，その2～3の例である．同図(a)は曲がり管で，この曲がり具合が変わって管部の伸縮をさしつかえないように調整する．同図(b)は波形の管で，この波形で伸縮が調整される．また，同図(c)は，2つの部分がすべり動くようになっていて，管の伸縮ができるようになっている．

5. はんだ付け継手

鉛管を継ぐ場合には，半溶融状態のはんだをすりつけたり，一方の管端を押し開いた中へ他の管をさし込み，その部分にはんだを付けたりする．これをはんだ付け継手という．

5·3 弁およびコック

流体の通路を開閉するために用いられる装置を，一般に**弁**（Valve）という．弁には多くの種類があるが，その落ちつく座に対しての運動の仕方や形状などによって，持ち上げ弁，すべり弁，バタフライ弁，蝶番（ちょうつがい）弁，コック，回転弁などのような種類に分けることができる．

また，弁を駆動する方法から，手動弁，自動弁，機械駆動弁などの種類にも分けることができる．

1. 持ち上げ弁

弁の軸が座の面に垂直で，弁がその軸方向に上下運動するのが**持ち上げ弁**（Lift valve）であって，これには次のようなものがある．

（1） **止め弁**(Stop valve)　図5·7のように，ふつう，弁の軸にハンドルをつけ，これを回して軸に切ってあるねじで弁軸および弁を上下に動かし，通路を開閉するのが止め弁である．卵形の玉形弁と直角に曲がる部分に取り付けられるアングル弁がある．これは各種の管路に広く用いられており，水道の蛇口もこの種のものである．

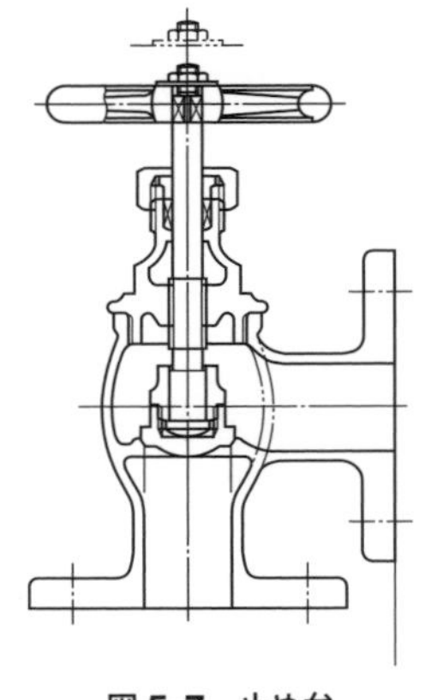

図5·7　止め弁

弁の材料としては青銅が多く用いられているが，ニッケル合金，ステンレス鋼などもよく用いられる．弁と弁座との間から流体が漏れないことがもっとも重要なので，この部分は精密に仕上げがなされている．

（2） **自動弁**（Automatic valve） 外部から力を作用させなくても，弁の両側の圧力差や弁の自重，ばねの作用などによって，自動的に開閉する弁で，ポンプや送風機などによく用いられている．これには逆止め弁，安全弁，減圧弁，その他のものがある．

① **逆止め弁**（Check valve） チェックバルブともいう流体の逆流を防ぐために用いる弁で，これには，弁体の形状から皿形弁，玉弁（図**5·8**），ニードル弁（図**5·9**）などの種類がある．

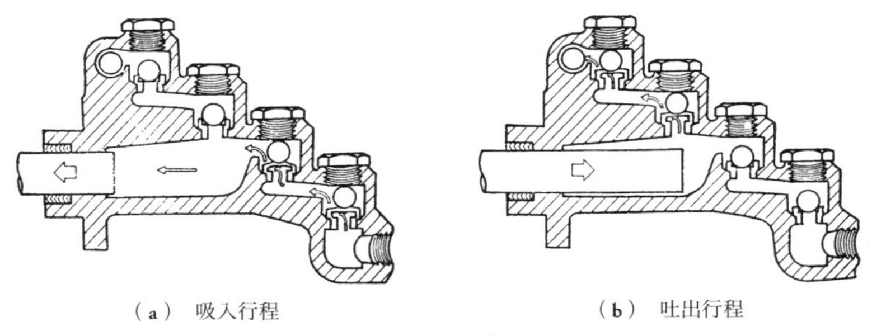

図5·8 玉弁

これらはみな，室内が負圧になるときに，弁が弁座に吸い付けられて通路を閉じ，流体を室外に押し出すときは，その圧力で自動的に弁を押し開くものであるが，場合によってはこの反対にはたらく場合もある．この弁は，弁が脇に逃げないように，案内をつけて運動を規制している．

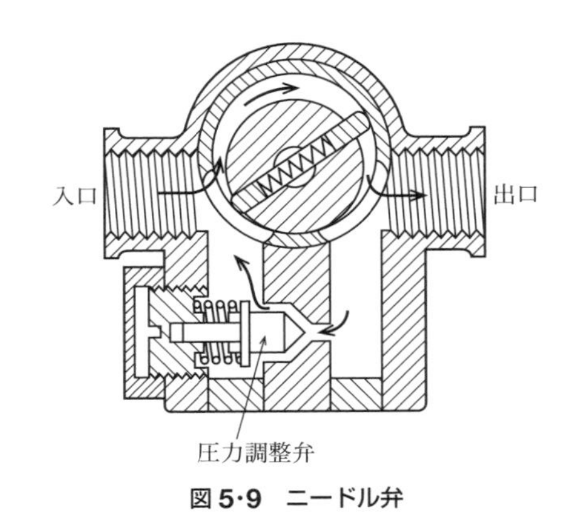

図5·9 ニードル弁

② **安全弁**（Safety valve） ボイラや圧縮機などの圧力発生装置に用いられるもので，ばねやおもりを用いて，内部の圧力が規定以上になったとき，安全のために弁を自動的に開いて，圧力を下げるようになっている．図**5·10**は，おもりを用いたおもり安全弁を示したものである．

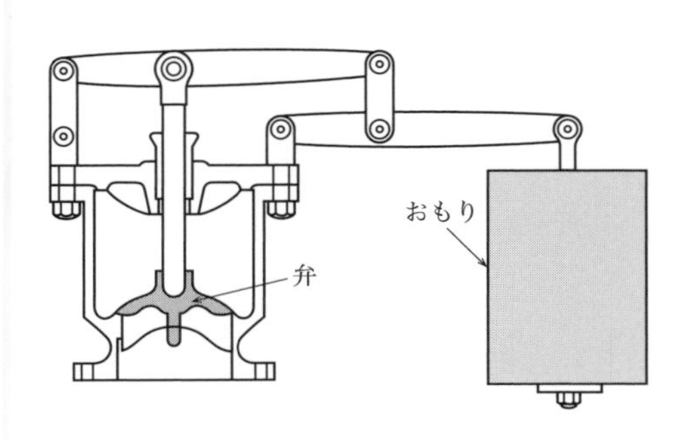

図 5·10　おもり安全弁

③　**減圧弁**（Reducing valve）　ガスボンベなどの高圧容器に用いられ，容器内の圧力が使用目的より高すぎるとき，この圧力を減じ，また減じた後の圧力がつねに一定になるようなはたらきをする弁である．

（3）　**機械駆動弁**　これは，動力軸の運動から機械的に連動されて動く弁である．図 **5·11** は内燃機関の弁を駆動する装置の断面を示したものであり，図 **5·12** はその機構を示したものである．図に示すように，クランクの回転から動力をとってカムを動かし，弁装置の機構によって弁を強制的に開かせるようになっている．

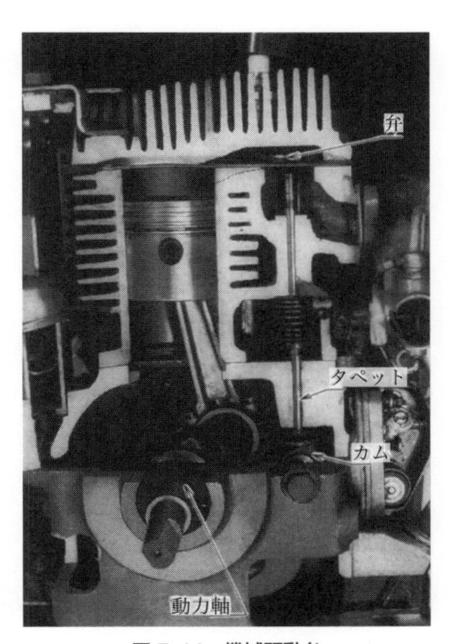

図 5·11　機械駆動弁

2.　すべり弁

持ち上げ弁は弁体が弁座に垂直に動くのであるが，これに対して，弁体が弁座面に平行にすべりながら動くのが，**すべり弁**（Slide valve）である．

図 **5·13** はその一種を示したもので，水管によく用いられる**仕切り弁**（Sluice valve）と呼ばれる弁である．ハンドルを回して円板形の弁をねじによって上下さ

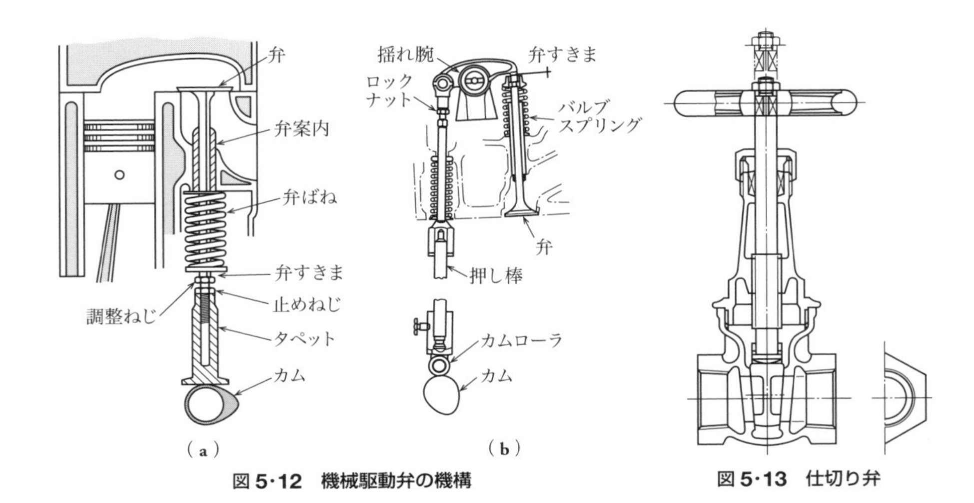

図 5・12 機械駆動弁の機構

図 5・13 仕切り弁

せ，管路に直角に弁を開閉させるものである．この弁は，全開したときに管路をほとんど妨害しないので，流体が乱されないという特長をもっている．

図 5・14 バタフライ弁

3. バタフライ弁

バタフライ弁（Butterfly valve）は，円板の直径方向に軸を設け，この軸を中心として揺動する弁で，おもに気体の通路に用いられる（図 **5・14**）．

1例として，ビル空調のしくみの中で，空気や水を媒体にすることで空調を調整するとき，バタフライ弁がその流体の流れや量を制御している．

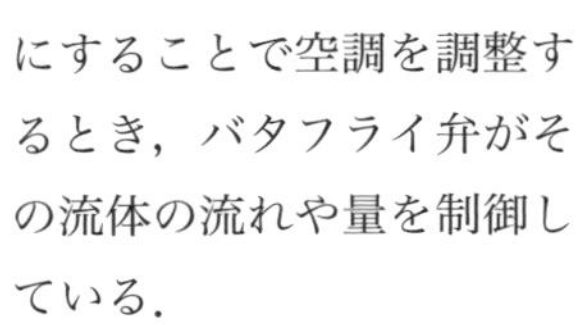

4. コック

コック（Cock）は，穴をあけた円すい状の栓を管路に直角にはめ込み，栓に付けたハンドルによってこ

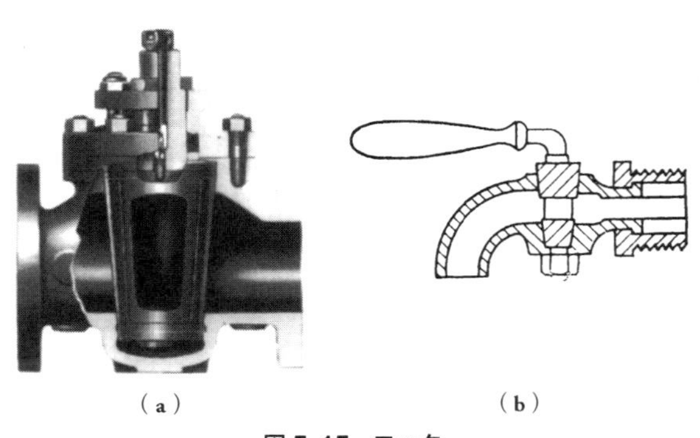

図 5・15 コック

れを回して管路を開閉するもので，水道管や，油・燃料その他の各種流体を通す小径の管に取り付けて，広く用いられている．

図 5·15 は，その 1 例を示したものである．コックは構造が簡単で安価であり，取り扱いもやさしいが，摩滅しやすく傷つきやすい欠点がある．また，気密にするのがやや難しく，操作に大きな力が必要なので，高圧用や大径用には適さない．コックは一種の回転弁であるが，回転弁には種々の変わったものもあり，内燃機関のガスの通路に用いられることもある．

5·4 パッキンとパッキン箱

1. パッキン

気体や液体の容器や通路などに接合部があるとき，その接合面をただ締め付けただけでは，気密を充分にすることはできない．気密を確実にするには，この合わせ面の間に紙その他を板状にした**パッキン**〔Packing，ガスケット（Gasket）ともいう〕をさし込んで締め付ける．

パッキンに用いられる材料は，紙，ファイバ，麻，ゴム，クリンゲリット，銅，鉛，軟鋼，モネルメタル（ニッケル約 67%，銅約 30%およびその他のものの合金）などである．

パッキンは，内部にある液体や気体におかされず，圧力や温度の変化に対しても柔軟性や強さを失わないものでなければならない．ゴム質のものは油におかされるので，油を入れるところに使用するのは適切ではない．

2. パッキン箱

上述の仕切り弁などのように，高圧あるいは低圧の容器と外部との間の壁，あるいは一般に，圧力の異なる 2 室の間の壁を貫いて運動している棒状の機械要素があると，棒と壁との間には，どうしてもいくらかすきまが必要となるので，このすきまから，流体が高圧側から低圧側に漏れる．これを防ぐために，この部分に**パッキン箱**（Stuffing box）を設

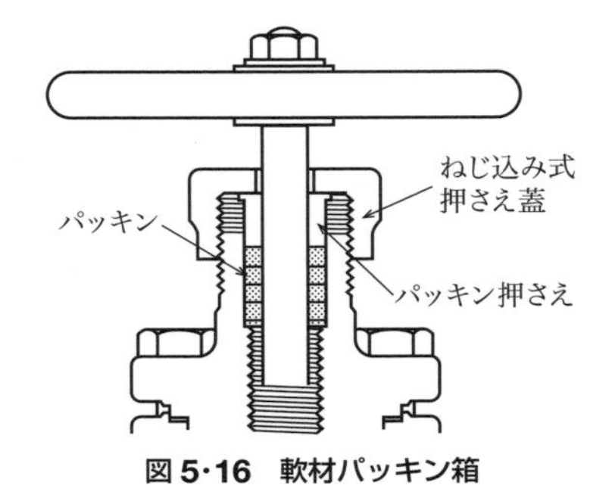

図 5·16 軟材パッキン箱

けて，パッキンを詰め込んで締め付ける（図 **5・16**, 図 **5・17**）.

パッキンを締め付けるには，簡単な場合にはねじ込み式の蓋を用い，大がかりな場合にはフランジ式のものを用いる．また，パッキンを充分に押さえるために，押さえ蓋の下にさらにパッキン押さえ（Gland）を入れる場合が多い．

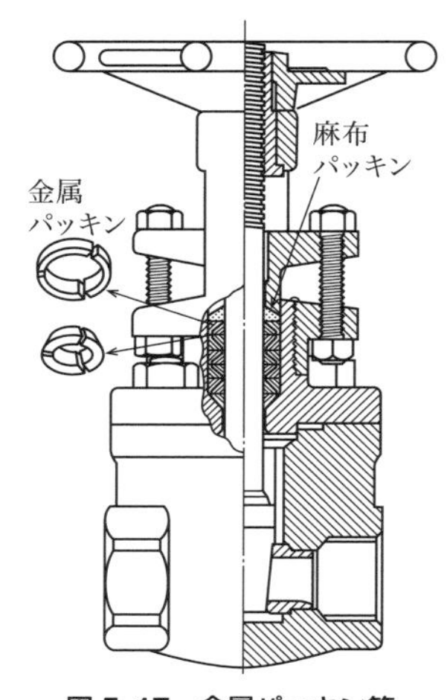

図 5・17　金属パッキン箱

パッキン箱に詰めるパッキンは，圧力約 12 kg/cm^2（1.17 MPa）以下，温度約 200 ℃以下のか所に使用する場合には，木綿・麻などの柔軟な材料を脂肪中で煮沸したり，または，これにグラファイトを塗ったりしたものを用いる．高温・高圧の場所に使用するときには，鋳鉄・青銅などの金属パッキンが用いられる．金属パッキンは，さらに押さえ蓋との間に麻などを入れて気密を完全にする．

3.　オイルシールおよび O リング

液体の漏れを防いだり，外部からほこり・水などの入らないように，高圧液を密封したりすることはなかなか困難である．とくに軸受部は，軸がここを通って運動しているので密封が非常に困難である．前に述べたパッキン箱も密封装置の一種であるが，これらも密封装置として充分とはいえず，これらのほかに，密封装置としては，次のような種類のものがある．

（1）　**オイルシール**（Oil seal）　図 **5・18** に示すように，軸の周囲を抱くように特殊な形の断面をもつ輪状のパッキンを入れ，このパッキンの上に，リング状のばねをはめてパッキンを軸に押し付け，その上に，さらにパッキン押さえ，座金，ケースなどを設けて密封を行なうようにしたものである．ときには，ばねを用いないこともある．

パッキンの材料は合成ゴム・皮などが用いられる．防塵を主目的とし，完全にシールする必要のないときには，フェルトを用いることもある．オイルシールは，**JIS B 2402－1 ～ 5：2013** に各種のものが定められている．

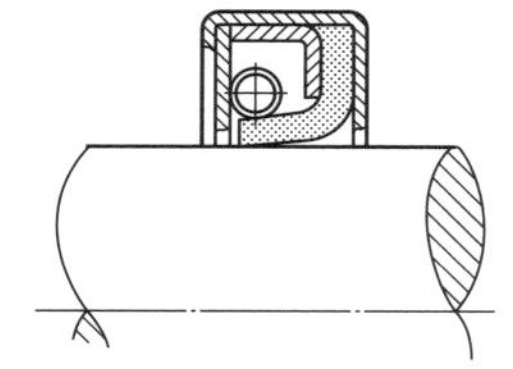
図 5・18　オイルシール

（2） **O リング**（O ring） ポンプのピストンとシリンダのように往復運動をしている部分に用いられるもので，図 **5·19** に示すような，円形断面の輪状のパッキンを用いて密封するものである．

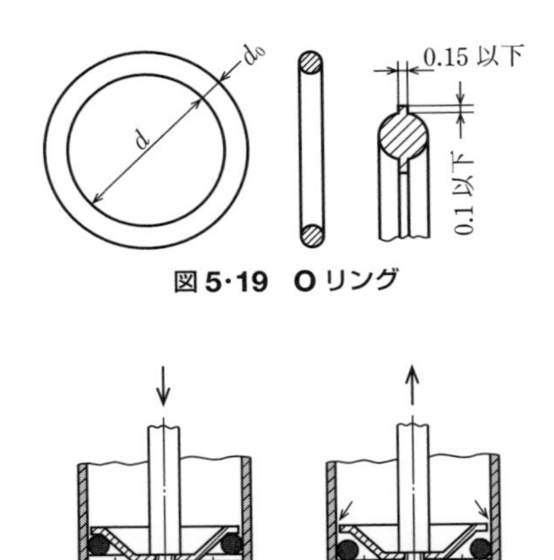

図 5·19 O リング

図 5·20 O リングの使用例

材料はおもに合成ゴムであるが，ブナ，ネオプレン，シリコンなどの合成繊維を用いることもある．材料としては，適当な弾性とかたさをもち，液圧に耐え，耐熱性・酸化安定性などを備えていることが必要である．

O リングは，あらかじめ圧力を加えておいて組み立てられるので，圧力のないときでも，液の漏れることはない．なお，これは運動部分だけでなく，固定部分にも用いられる．

図 **5·20** は，ポンプのピストンに O リングを用いた例を示したものである．**JIS B 2401 − 1：2012** では，一般機器に用いる O リングで，運動用 O リング（P），固定用 O リング（G）および真空フランジ用 O リング（V）の形状，寸法，外観，材料などについて規定している．

（3） **その他の密封装置** 以上のほか，遠心力を利用した密封装置もある．これは，ねじ状の油溝を設け，溝にそって油が内部に戻るようにしたものや，軸に突切り部を設けて遠心力で油を振り切る油切りの方法，またはラビリンスといって，軸の円周の部分に複雑なすきまを設けてあるもの，あるいは軸箱の外側をおおって回転させ，その遠心力で外部からのほこりを防ぐフリンジャというものなどがある．

5·5 圧力容器

液体や気体を用いる機械や装置には，圧力の高い液体や気体を入れておく容器，すなわち圧力容器が必要な場合が多い．酸素，水素，塩素，メタン，プロパン，炭酸ガス，アンモニアガス，アセチレンなどの高圧ガスを貯蔵するボンベ，油・石けん・食料品などの製造工業に用いられる反応窯・加圧窯あるいは蓄圧用容器，ボイラの蒸気管などは，みな圧力のある流体を入れる容器である．

これらの容器は，大きな圧力に耐えなければならないので，強度が大きく，また充分気密になるような構造でなければならない．鋼の鍛造品や鋳物，鋼板をリベット接合または溶接したり，ねじによって結合したりしてつくられている．

圧力容器は内部に高圧が加わり，また場合によっては火炎に直接さらされるので，容器の壁はこれに耐えるだけの充分な厚さと耐熱性をもっていなければならない．また気密にすることが必要なので，締め付け部はパッキンを入れたりして充分に締め付ける．図 5･21 は，**高圧ガス容器**（**ボンベ**）の1例を示したものである．

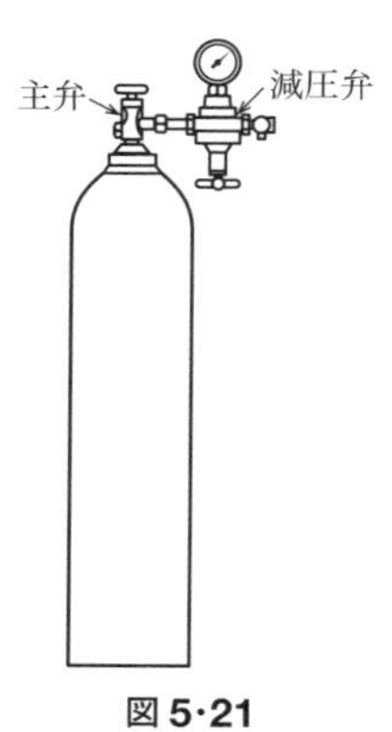

図 5･21
高圧ガス容器

高圧ガス容器は，爆発のおそれもあり，危険物であるので，製造や取り扱い上の取り締まり規則が定められている．わが国では，継目なし鋼製高圧ガス容器の規定（**JIS B 8241：1989**）と「高圧ガス取締法」が 1951 年（昭和 26 年）6 月に公布され，のち 1996 年（平成 8 年）3 月に「高圧ガス保安法」に改題された法律で規制されている．

JIS 規格では，温度 35℃で圧力（ゲージ圧）10 bar 以上の圧縮ガス，40℃で圧力 2 bar 以上の液化ガス（液化酸化エチレン，液化シアン化水素を含む）を充填する内容積 0.1 *l* を超え 700.0 *l* 以下の容器について規定している．

なお，高圧ガス容器は，危険な場所や，真夏の炎天下に置いてはいけない．また，頭部のキャップをはずした容器を転がして運んだり，トラックの上から転落させたりしないように注意を要する．

化学工業に用いられる**加圧窯**では，必要によって圧力計，温度計，ガス入り口弁，排出弁，ガス抜き，のぞき窓などが設けられる．

高圧化学反応器のうち，液体を含む物質を処理するものを一般に**オートクレーブ**（Autoclave）という．これは，内容物が加熱によって自身で高圧になるものであるが，現在では外部から圧力を加える加圧式になっている．

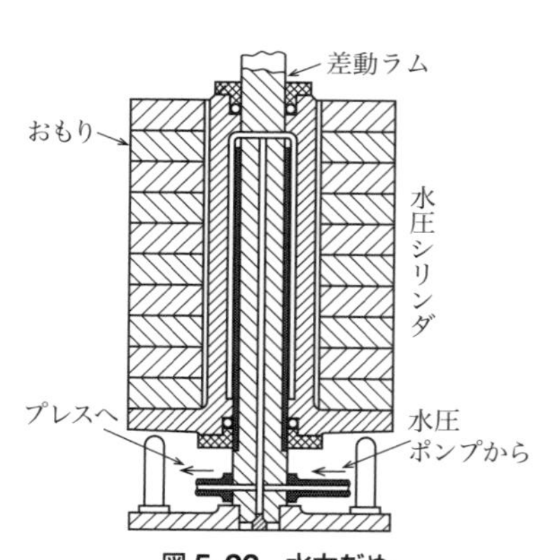

図 5･22　水力だめ

図 5･22 は，**水力だめ**の例を示したもの

であって，小容量のポンプを運転し，高圧の水をつくって一時貯えておき，この圧力水の力をプレス，リベット締め機などの間欠的な運動の動力源として使用する．また，圧縮空気とともに，水圧ポンプの送出水を貯えておき，間欠的な作用を連続的な作用に変える．

図 5·23 は，**水力増圧器**の例を示したものである．これは低圧力の水を供給して高圧力の水を得るもので，大きなラムに低水圧を作用させ，そのラムに直結された小径のラムに，ラムの断面積に反比例した高圧を出させるものである．

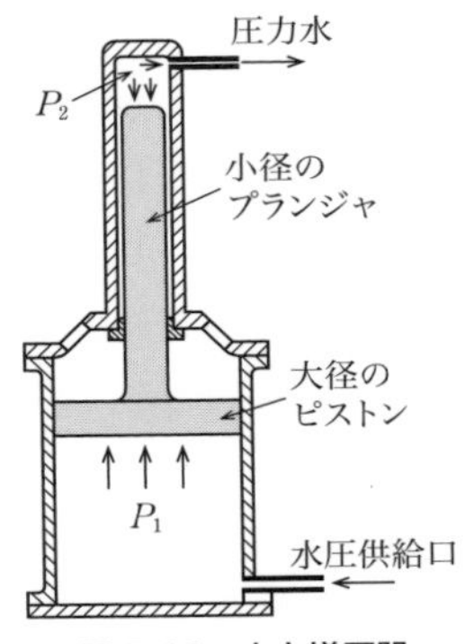

図 5·23　水力増圧器

5·6　流体伝動

1. 流体伝動装置

すでに述べた歯車，カム，リンク装置などの伝動機構では，圧縮または引張りのいずれかの作用により，接触面を押す力によって原節から従節に運動を伝動し，また，ベルトやロープのようなたわみ質の機械要素を用いた伝動機構では，引張りの作用による摩擦力で伝動した．

液体や気体などの流体を媒介節に用いるときは，いままで述べた伝動機構と違って，引張りに対してはほとんど抵抗がないから，流体を圧縮することによって，力や運動を伝えなければならない．

一般に，流体を媒介として回転運動を伝える装置を**流体伝動装置**というが，流体は，回転運動だけではなく，直線運動の伝達や衝撃の緩和など，各種の運動の伝達にも媒介節として用いられる．この場合，原節で流体を押して流体に圧力を与え，従節へ伝動するが，ときには空気のような圧力流体を別につくっておき，管装置でこれを所要の部分に送って運動を起こさせる場合もある．

流体伝動は，その作動方式から 2 種類に分けることができる．1 つは圧力差が大きくて流量の少ないもの，もう 1 つは圧力差が小さくて流量の大きいものである．

流体伝動装置は，効率が低いという欠点があるが，次のような利点もある．

① 原節側の始動が容易である．

② 過負荷の場合，原節側を安全に保つ．

③ 多数の原節で1個の従節を運転することや，その反対に1個の原節で多数の従節を運転することが容易である．

④ 変速が容易である．

⑤ 運動方向の正・逆転換や，運動の停止が容易である．

⑥ 従節の運動を，遠隔操作することができる．

⑦ 液体の場合，非圧縮性であるために運動の伝達は正確で，なお流動性があるため，原節の回転の不整はそのまま伝えられず，従節は均整な回転をする．

媒介となる流体には，液体としては水・油が用いられ，気体としては空気が用いられる．液体は圧縮して用いることは少ないが，気体は圧縮すると圧力が大きくなるので，圧縮して用いる．

2. 空気伝動装置

空気は圧縮して用いるが，この場合は空気を圧縮するために動力が費やされる．この動力は圧縮空気の内部に貯えられ，空気が膨張するときに動力として放出され，外部に対して仕事をする．これが空気伝動で，膨張するときには，圧力の形で仕事をする場合と，これを速度に変えて，羽根車（空気タービンという）を回転させて仕事をする場合とがある．

図 5·24　往復式空気圧縮機の外観

（1） 空気圧縮機（Air compressor） 空気を圧縮するためにを使用する．空気圧縮機には，往復式圧縮機，ルーツ形圧縮機，多翼形回転圧縮機，遠心形圧縮機，軸流形圧縮機などがある（図 **5·24** ～図 **5·26**）．

圧縮空気を利用する場合には，空気圧縮機と駆動される機械（従節）とを空気通路で連結し，圧縮機から出た高圧空気で従節に運動を伝えるか，または圧縮空気をタンクに貯蔵しておい

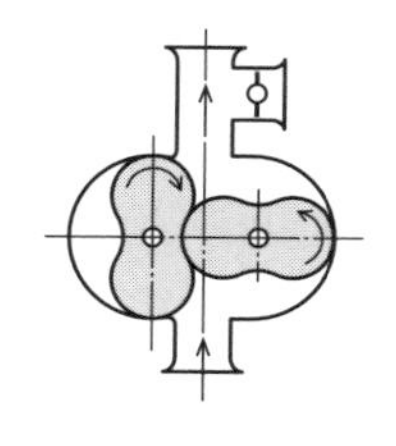

（a） ルーツ形

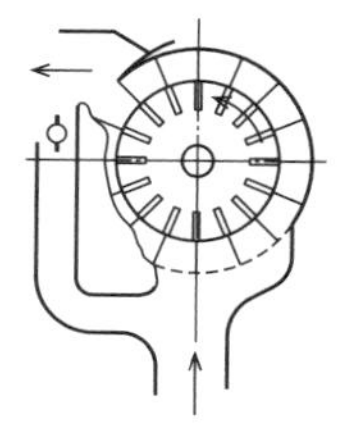

（b） 多翼回転形

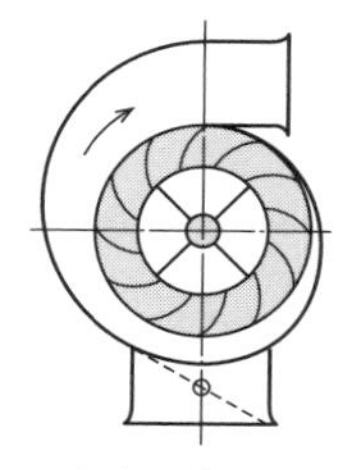

（c） 遠心形

図 5·25　空気圧縮機の構造

て，必要に応じて従節と連結した管路の弁を開いて伝動する．

次に，これらの圧縮空気で伝動される機械の数例について説明する．

図 5·26
軸流式空気圧縮機の外観

（2） **電車の自動開閉ドア** 図 5·27 は，電車に用いられている圧縮空気で伝動される自動開閉ドアの構造と作動を示したものである．

弁 C が図に示す位置にあるときには，圧縮空気は直径の大きいシリンダ A の右側と，直径の小さいシリンダ B の左側とに入る．A と B との中にあるピストンは，結合されて一体となっている．両シリンダに対する圧力の強さは同じであるから，大直径のほうのピストンに大きな力が加わり，両ピストンを左のほうに押し動かす．両ピストンの連結棒にはラックが切ってあるので，ラックが直線運動をすることによって，これにかみ合うピニオン G が回転し，レバー装置を経てドアを右に押す．

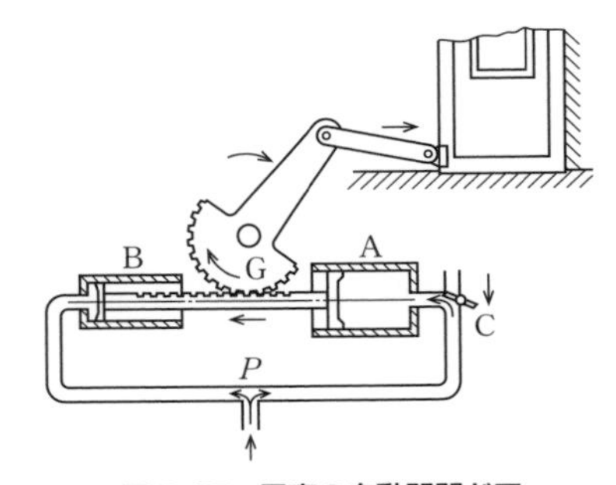

図 5·27 電車の自動開閉ドア

次に，弁 C を下方に押すと，シリンダ A の口が外部に開放され，シリンダ内の圧力がなくなって，ピストンは右のほうに押し動かされる．したがって，ピニオン G は反対に回転してドアを反対方向に動かす．この自動開閉ドアは，圧縮空気により直線運動をさせる例である．

（3） **リベット打ち機** リベット頭と同じ形状のくぼみをもったスナップに，圧縮空気の圧力で直線往復運動をさせて，リベットの頭を打つものである．

図 5·28 は，その機構内部の空気のはたらきを示したものである．弁 B が図の位置にあるときは，圧縮空気はピストン P の右側に入ってピストン全面にはたらくので，強くスナップ S を打つ．

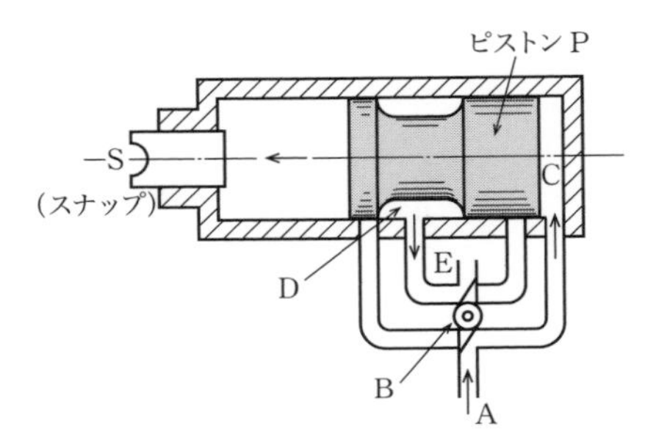

図 5·28 リベット打ち機

ピストンがあるところまで進むと，弁Bの右上部の通路からの圧縮空気によって，弁Bは自動的に方向を変え，圧縮空気はAから左の通路を経てピストンの中央のすきま部に入り，ピストンの右側は排出口に対して開くのでピストンを前よりは弱い力で右方に戻す．

3. 液体伝動装置

（1） **液体伝動** 水・油などの液体は，空気と違ってほとんど圧縮することができない．したがって伝動の媒介に用いた場合は，気体の場合よりすみやかに，かつ確実に運動を伝えることができる．また，振動や騒音も少なく，空気と同様に形状も自由に変えることができるので都合がよい．

液体伝動の媒体としては，おもに水と油が用いられるが，水は容器類を錆させる欠点がある．また，油は回収しなければ不経済であるので，このための装置が必要であり，伝動装置が複雑になる．しかし油は容器類を錆させず，粘度も大きく伝動に都合がよいので，多く使用されている．

（2） **液体ポンプ** 液体に圧力をもたせるためには，圧縮空気の場合と同様に，ピストン式往復ポンプ，プランジャ式往復ポンプ，回転式歯車ポンプ，偏心ポンプ，遠心式ポンプ，軸流ポンプなどを使用する．

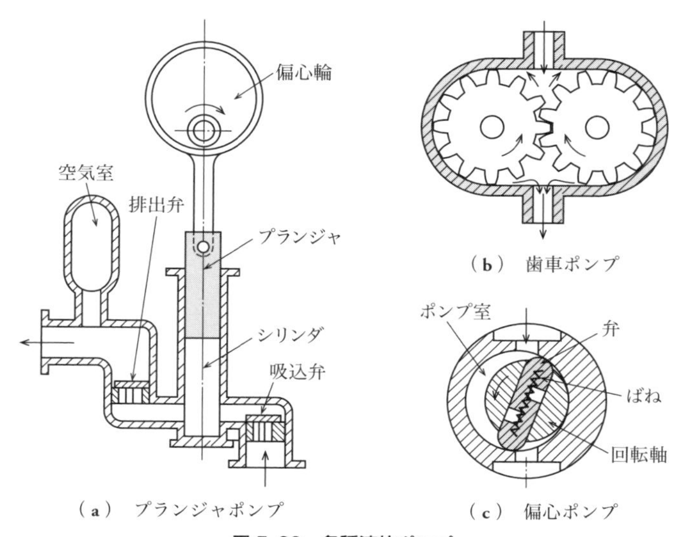

図 5·29 各種液体ポンプ

これらのポンプは，圧縮空気ポンプと同様の形式のものが多い．図**5·29**は，これらのポンプの数例を示したものである．空気伝動の場合，圧縮空気をタンクに貯えておく場合があるのと同様に，圧力液体を蓄圧器に蓄えておき，これから伝動する場合もある．

4. 油圧プレス機械

図**5·30**は，圧力液体による伝動により，加工物をプレスする場合の原理を示したものである．

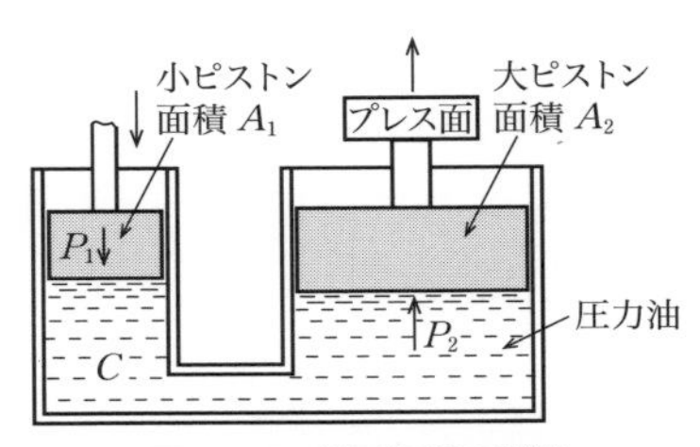

図5·30 油圧伝達の機構

小径のシリンダ中の液体を小径のピストンで押すと，この液体は大径のシリンダに入り，この中の大径のピストンを押す．圧力の強さ（p）は等しいので，小径のピストンの面積を A_1，その全圧力を P_1，大径のピストンの面積を A_2，その全圧力を P_2 とすれば，

$$P_1 = A_1 p \qquad P_2 = A_2 p \qquad P_1/P_2 = A_1/A_2$$

$$P_2 = \frac{A_2}{A_1} P_1$$

すなわち，大径のピストン部に，面積に比例した大きな力を伝えることができる．したがって，小径のピストンで圧力油をつくって大径のシリンダに送り，このピストンにプレスを取り付ければ，加工物を強くプレスすることができる．

5. 自動車の油圧ブレーキ

図**5·31**は，油圧伝動によって自動車のブレーキを操作する装置を示したものである．ブレーキペダルを踏むと，マスタシリンダの中の油に圧力が加わり，車輪に取り付けたシリンダに油圧が伝わる．油圧により，この中にあるピストンが押され，ブレーキシューが開いてブレーキがかかる．

このような圧力油を用いる伝動は，工作機械の送り装置にもよく用いられている．

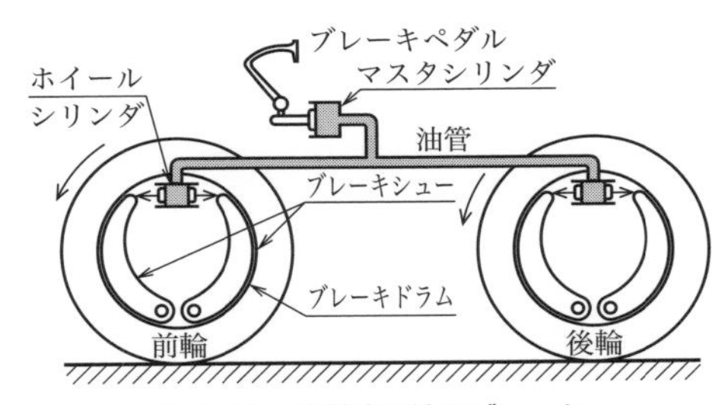

図5·31 自動車の油圧ブレーキ

6. 流体継手

回転を伝える液体伝動装置は，ポンプと水力原動機とを結合した一種の軸継手のようなものと考えることができる．

このような液体伝動装置には，液体の圧力を利用する回転式のピストンポンプと水圧機関との結合でできている静水力伝動装置と，液体の流動のエネルギーを利用した渦巻きポンプと水車とを結合した動水力伝動装置の 2 種類がある．

前者は圧力差が大きく流量の小さい場合，後者は圧力差が小さくて流量の大きい場合の伝動装置である．すでに **2** 章で説明した**流体継手**（Fluid coupling）は，後者に属するものである．

7. 静水力伝動装置（水圧力継手）

水圧力継手は，圧力差が大きく，流量の少ない場合の伝動装置であって，比較的低速で正確な運動を伝えるのに適しており，工作機械，ディーゼル機関，自動車などに使われていた．

図 **5·32** はその 1 例を示したものであって，これは，ピストンが軸方向に動いて斜板が回転するポンプと，同じ機構の水圧機関とを結合したものである．図では左側がポンプ, 右側が水圧機関である．

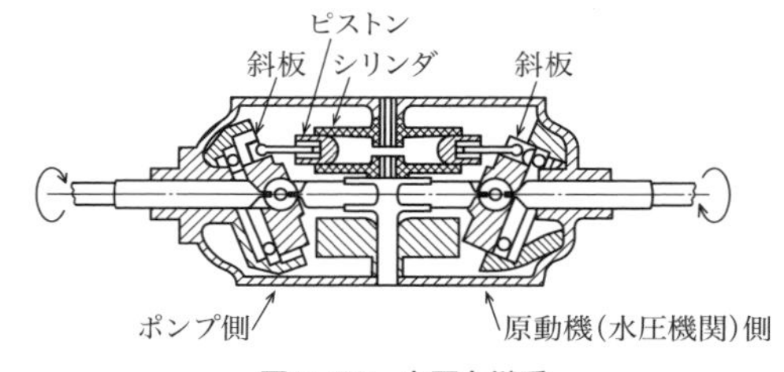

図 5·32　水圧力継手

調整軸を回すことにより，ポンプ側の斜板の角度を自由に変えることができ，圧力油の量を自由に加減して，回転比を自由に変えることができる．角度を反対の位置まで変えれば，回転方向を反対にすることができる．

5章 | 練習問題

問題 5・1 管にはどのような種類があるか．

問題 5・2 管のねじ継手にはどのような種類があるか．

問題 5・3 弁はどのような種類に分けられるか．

問題 5・4 自動弁にはどのようなものがあるか．

問題 5・5 すべり弁やコックは，それぞれどのような得失があるか．

問題 5・6 密閉装置には，どのような種類があるか．

問題 5・7 パッキンとガスケットの違いを述べよ．

問題 5・8 高圧ガス容器の危険防止上，どのような取締規則が定められているか．

問題 5・9 流体伝動はどのような得失があるか．

問題 5・10 空気圧縮機には，どのような種類があるか．

問題 5・11 リベット打ち機とは，どのようなものか．

問題 5・12 液体伝動と空気伝動の得失を述べよ．

問題 5・13 液体ポンプの種類をあげよ．

問題 5・14 油圧で加工物をプレス場合の原理を説明せよ．

問題 5・15 自動車の油圧ブレーキとはどのようなものか．

6

回転体

機械の運動部分で行なわれる各種の運動のうち，もっとも多いのは回転運動である．回転運動の基礎になる軸や，回転運動の伝達機構とその要素についてはすでに述べたが，回転している物体については，そこにかかる力やエネルギーの関係から，特殊な考慮を払わなければならないことがある．したがって，本章では回転体について説明しておくことにする．

6·1 はずみ車

動力を受けて回転している軸の回転力は，いつも一様であるというわけではない．ことに内燃機関のクランク軸のように，わずか1回転の何分の1かの間に大きなエネルギーを受けるだけで，そのほかは，ほとんどエネルギーを受けずに，惰力で1～2回転しているような場合は，回転力が非常に不平均である．この不平均な回転力を平均にするのが**はずみ車**（Fly wheel,

図6·1　石油機関のはずみ車

図6·2　プレス機のはずみ車

フライホイールともいう）である．

発生する回転力が大きいときは，はずみ車がその大きな慣性でエネルギーを充分に吸収して，回転速度が過大になるのを防ぎ，ついで回転力が減ったとき，あるいは負荷が大きくなったときには，さきに吸収したエネルギーを出して回転速度の低下を防ぐ．このようにして，回転力および回転速度を平均するのである．

図**6·1**および図**6·2**は，この目的のために用いられる大直径・大重量の，石油機関およびプレス機のはずみ車を示したものである．

また，はずみ車は前記の目的のほかに，さまざまな役目を兼ねていることが多い．たとえば，摩擦クラッチの一部分になったり，外側に歯を切って歯車の役目をしたり，あるいはベルト車の役目をしたりすることもある．

6·2　つり合いおもり

回転している物体の重量が，その回転軸の周囲に均等に分布されていれば，物体にかかる力はつり合っているが，もし，重量分布が片寄っていて，軸心をはずれたところに余分の重量があれば，図**6·3**に示すように，遠心力が起こって，始終方向の違った力がかかる．

この遠心力は物体を取り付けた方向に起こるから，始終その方向が変わり，したがって軸に振動が生じる．これを防ぐためには，この力とつねに大きさが等しくて，しかも反対方向にはたらく力を起こさせればよい．そのためには，この軸に，この物体と反対方向に適当な重量の物体を付ければよい．

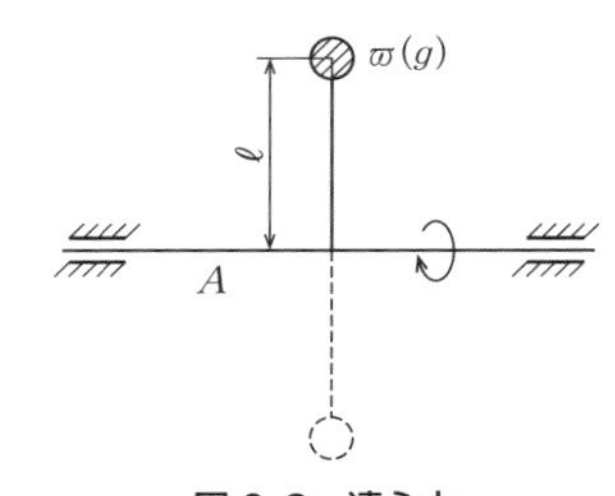

図6·3　遠心力

この物体を**つり合いおもり**（Balance weight）という．機械に用いられている回転体は，必ずしもつり合いがとれているとはいえない．また，ガソリン機関のクランク軸のように，曲がった回転軸では，曲がった部分が偏心した重量をもっている．これらを，つり合わせるために，種々の形のつり合いおもりが用いられている．図**6·4**は，内

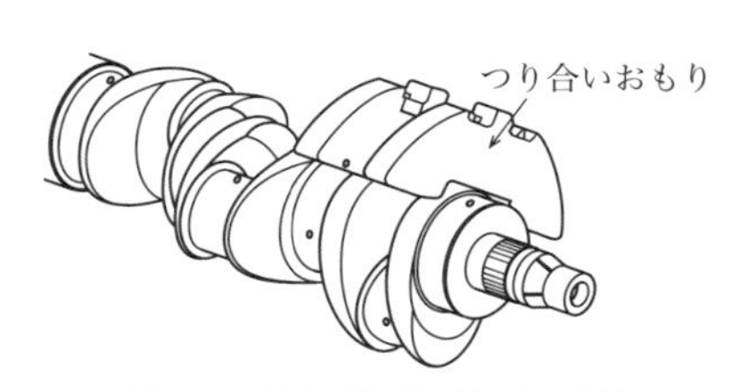

図6·4　往復式機関のクランク軸

燃機関のクランク軸のつり合いおもりを示したものである．つり合いおもりはミシンの上軸の回転軸にも用いられている．

また，とくにつり合いおもりのような独立した形のものを付けずに，回転体自体（たとえば，はずみ車の一部分）に，鉛のような比重の大きなものを詰め込むというような方法をとることもある．

6·3 車輪

車輪（Wheel）は，自動車・電車などに見られるように，回転運動を直線運動に変えるのにもっとも一般的に用いられる．摩擦車などと同様に転がり抵抗だけを受けるので，割合に抵抗が小さく，軽く回転させることができる．

図 **6·5** は鉄道車両に用いる車輪を示したものである．車輪の外周の部分を**リム**（Rim），車軸にはまる部分を**ボス**（Boss），この 2 つの部分を連結している部分を，**アーム**（Arm）といい，これらが一体につくられている．なおリムには，摩耗を防ぐために強靭な鋼でつくられた**タイヤ**（Tire）が焼きばめされている．また，リムの外側のレールに接する部分は，車輪がレールからはずれないようにするための出っぱりがついている．

図 6·5　鉄道車両の車輪

図 **6·6** は自転車の車輪を示したもので，アームの代わりに数 10 本の強い鋼線の**スポーク**（Spoke）をねじ込んで，リムとボスを連結している．また，リムの外周が直接地面と接するのではなく，充分な緩衝作用をさせるように，ゴム製のタイヤと**チューブ**（Tube）を付けてある．タイヤは布を数層合わせたものをゴムに混入させたものである．また，タイヤの最外周部をトレッド（踏み面）といい，この部分には耐摩耗性の大きい良質のゴムを多量に使用してすべり止めの模様をつけてある．タイヤの中心に入れるチューブは，良質のゴムでつ

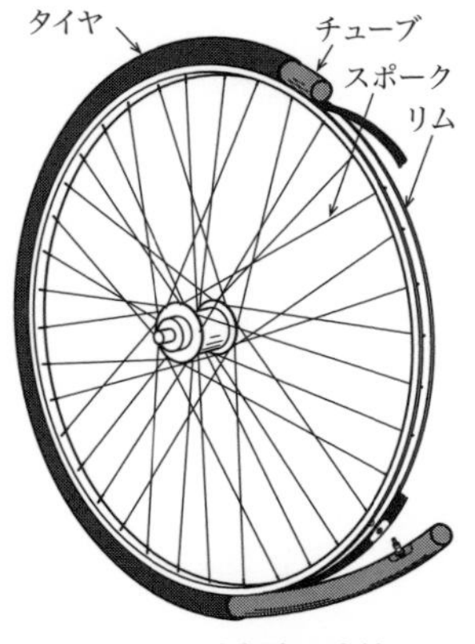

図 6·6　自転車の車輪

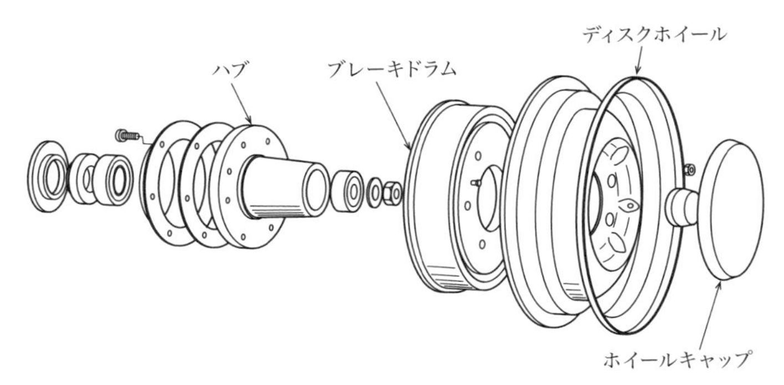

図 6･7　自動車の車輪

くり，中に圧縮空気を吹き込んである．

図 **6･7** は，自動車の車輪を示したものである．自転車の車輪のように鋼線スポークを用いたものもあるが，現在ではほとんどスポークの代わりに鋼板製やアルミニウム合金製のディスクホイールが用いられている．自転車の車輪と似たような構造ではあるが，チューブを用いずタイヤのみを用いる．強さは自転車用に比べてはるかに大きい．これらの車輪には，運動の制御のために，すでに述べたような種々のブレーキ装置が付けられている．

6章　練習問題

問題 6･1　はずみ車の役目とその作用を説明せよ．

問題 6･2　回転動力軸にはずみ車を付けると，なぜ回転のむらがなくなるのか．

問題 6･3　つり合いおもりは，なぜ必要か．

問題 6･4　車輪とは，どのようなものか．

7

自動制御

7・1　自動制御とは

機械がその本来の機能だけでは目標を達成することができない場合には，外部から制御を行なって目的とするはたらきを実現する．これを自動的に行なうのが自動制御である．

1.　気化器の液面制御

ガソリン機関では，気化器はそこに入っている燃料の液面を，いつも一定の高さに保たなければならない．これにはフロート室が使われる．図7・1のように，フロートの軸の上端がニードル弁になっている．液面が高くなると，フロートが上がって弁が閉じ，燃料の流入を抑制する．液面が低くなると，弁が開き，燃料の流入が大となって，液面が上昇する．このように液面の上下を検出して，それを所定の位置に保つような制御を行なっている．

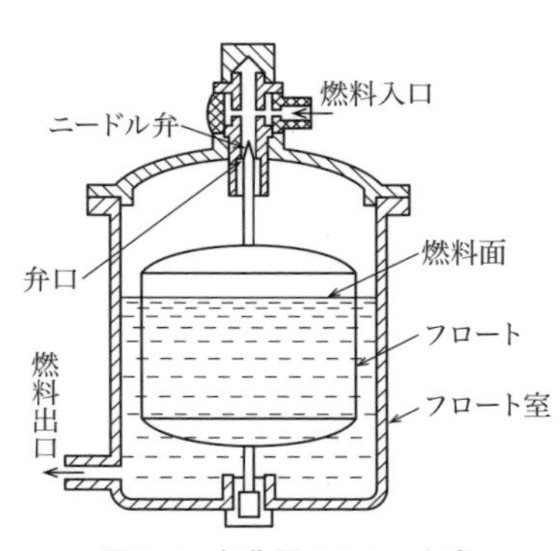

図7・1　気化器のフロート室

2.　蒸気機関の調速機

蒸気機関や内燃機関の調速機は，クランク軸の回転数が所定の値より大きくなったり，小さくなったりしたとき，回転数の変化を検

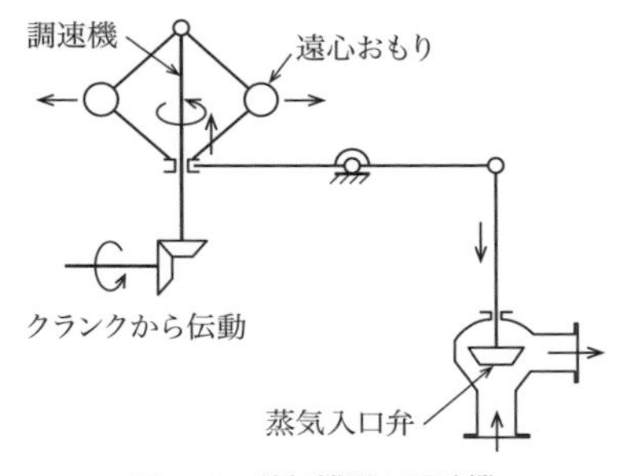

図7・2　蒸気機関の調速機

知して，これを所定の値に戻す．

図7·2にその例を示す．調速機の軸はクランク軸から歯車によって回転される．これには2つの遠心おもりがついている．回転が早くなれば，おもりにはたらく遠心力が大きくなり，おもりが開いて，蒸気入口弁を下げる．その結果，蒸気の量が減って，機関の回転数が低下する．反対に回転が遅くなれば，おもりが閉じて，蒸気入口弁が上がって，蒸気の量が増加する．このようにして，回転数が一定に保たれる．

3. 倣い削り装置

工作機械の倣（なら）い削り装置は，モデルと同じかたちの品物を加工する．これはモデルの寸法を目標値として，刃物の位置をこれと一致するように制御する．

図7·3は油圧式の旋盤倣い削り装置である．針先がモデルに接触しながら，刃物台とともに移動する．モデルの直径の大きい部分にくると，針先が下方に下がり，圧力油が上の通路から動作シリンダの下方に入る．ピストンは刃物台に固定されているので，刃物は動作シリンダとともに下方に下がる．案内弁のシリンダは刃物台に固定されているから，刃物とともに後退して，刃物の位置がモデルの大きさに合致すると，案内弁が閉まって，圧力油の流入が止まる．

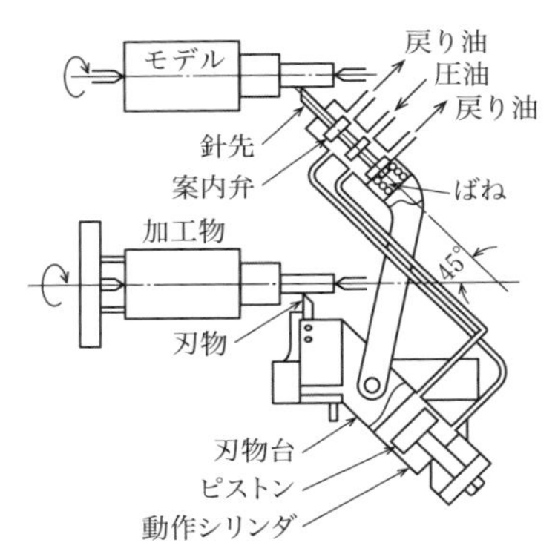

図7·3 旋盤倣い削り装置

以上のように，刃物の位置がつねに針先の位置と比較され，そのずれをゼロにするように動作する．

この例では，制御される刃物の位置が針先の機械的位置によって制御される．このようなものを**サーボ機構**という．

4. 数値制御装置

加工品の形状・寸法や工作機械の動作条件を表わす数値や記号を与えて，工作機械を制御する．モデルが不要であるから，複雑な形の品物をつくる場合に有利である．工作機械に必要な作業を行なわせるためには，工具の移動経路や速度などのさまざまな加工情報を数値情報として制御装置に入力する．

図7·4には，紙テープ式の数値制御工作機械の制御の流れを示したものである．工作機械に紙テープから数値をシステムに入力することでモータの動作を制御するようしたもので，1940年代から1950年代に構築されたが，現在はほとんど使われていない．

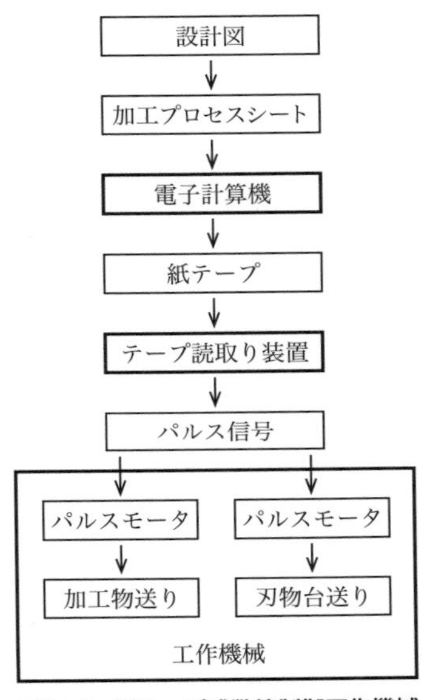

図7·4　紙テープ式数値制御工作機械

これはNC装置にコンピュータ機能が搭載されるようになったことから，すべての指令を数値情報として入力しなくても，内部にある演算機能で必要な数値情報をつくり出せるようになったためである．設計された図面の情報を加工情報に変換するには，作業者が直接キーを打って加工プログラムを作成するマニュアルプログラミング法や対話形プログラミング法がある．

また，自動プログラミング装置を用いて作成する方法や，CAD/CAM装置（コンピュータ上で設計，製造を支援）を用いてCAD図面から直接加工プログラムを作成する方法がある．これらは，フロッピーディスクやメモリーカード，ネットワーク通信機能を使って加工情報としている．

7·2　自動制御の方式

自動制御にはカムやリンクなど純機械的な機構のほか，油圧，空気圧，電気などいろいろな要素が利用されている．制御の対象とする機械や調節部の特性にしたがっていくつかの制御方式が用いられる．

1.　自動制御の構成部分

自動制御の実際の構成は，基本的には次の部分からできている．

① 検出器：制御対象の現在の状態を検出する．たとえば，調速機の遠心おもりや倣い削り装置の針先など．

② 調節部：制御対象の現在の状態と目標値の誤差を判断して，調節を行なう．

③ 操作部：操作のための動力を発生する．たとえば，油圧の動作シリンダなど．

④ 制御対象：制御される機械．

制御の様子は，図7·5のように**ブロック線図**で表される．制御対象にはそれ自身の内部状態や外部環境の変化によって特性が変わることが予想される．これをまとめて，**外乱**という形に表す．

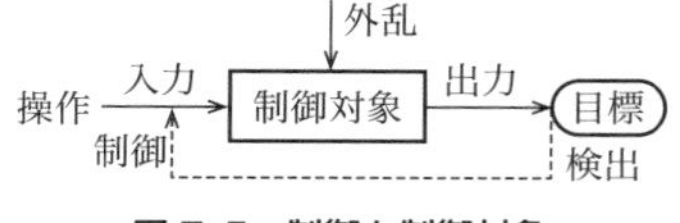

図 7·5 制御と制御対象

2. 開ループ制御と閉ループ制御

制御対象において，その操作と出力の関係が確定していて，外乱もないならば，出力を改めて検出して，制御を修正する必要はない．目標にしたがって定められた操作を行なえば，正しい制御が実現される．これが図7·6の開ループ制御である．

外乱があったり，制御対象の特性変化が予想されるときには，出力を検出して目標と比較し，そのずれを補正するように操作を修正する必要がある．これを閉ループ制御または**フィードバック制御**という．これは，図7·7のようなブロック線図で表される．

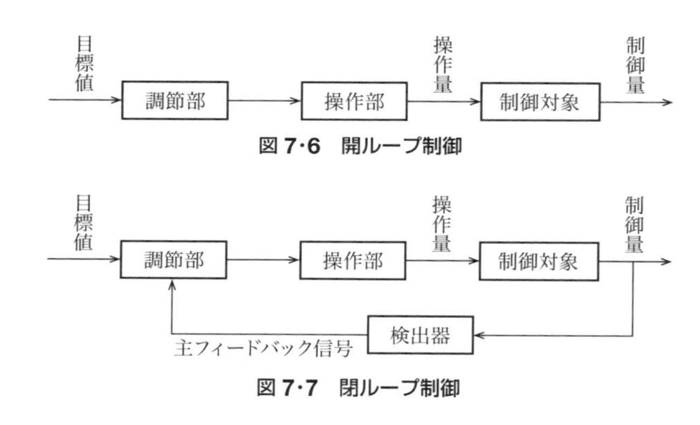

図 7·6 開ループ制御

図 7·7 閉ループ制御

3. 連続的な制御と離散的な制御

制御系において操作量，制御量，検出量など制御に用いられる情報が連続量である場合が多い．しかしこれらが離散的なものもある．たとえば，電気こたつでは温度が上がりすぎると電流が切れ，温度が下がると電流が流れる．これは**オンオフ制御**といわれ，操作量が離散的に変化する．

機械の操作をあらかじめ定められた順序にしたがって自動的に選択していくものが，**シーケンス制御**である．たとえば家庭用自動洗濯機では，洗い，排水，すすぎ，脱水などの操作が自動的に行なわれる．ここで実行される処理は論理判断であって，操作量は離散的である．

最近では自動制御が高度化し，計算装置のなかでは制御量の演算がある時間間隔で行なわれるから，時間的に離散制御となる．これは**サンプル値制御**といわれる．

7·3　自動制御系の特性

自動制御を行なう場合には，その目的にかなうように制御系の特性を設計することが重要である．

1.　素子の特性

自動制御系には，いろいろの素子が組み込まれる．図7·8のタンクにおいて，入力は弁の開き，出力は水面の高さである．いずれも平常値からの差をとることとする．入力を突然階段的に上昇させると，出力は時間とともに図のように変化する．出力が新しい平衡値に達するには，理論上，無限の時間がかかる．その63.2%となるのに要する時間を**時定数**という．

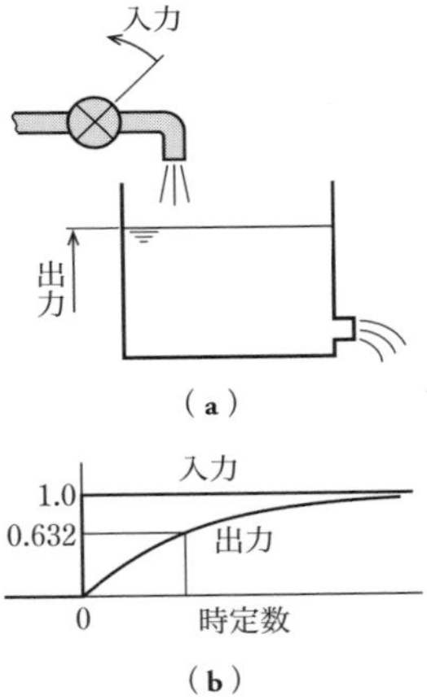

図7·8　弁の開きと水位

振り子を示す図7·9において，入力はおもりに加える力，出力は振れの角度である．入力を階段的に変化させたときの出力は，図にように振動を起こす．実際には空気抵抗があるから，振幅は時間とともに次第に小さくなる．

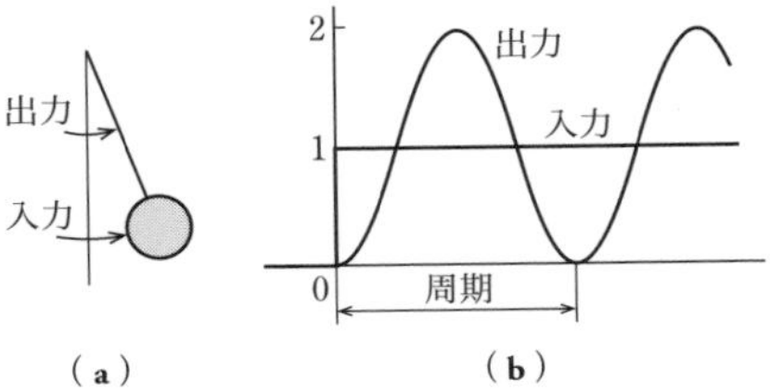

図7·9　振子にかかる力と振れ角

2.　閉ループ系の特性

フィードバックループに含まれる素子の特性によって，自動制御系はいろいろな動作をする．第一に，外乱などによって出力と目標値の間にずれが生じたとき，これを修正する**応答特性**が重要である．

系が振動性をもつ場合，その**減衰特性**が問題となる．設計を誤ると図7·10のように振動が長く続いたり，あるいは次第に振幅が大きくなったりして，装置が破壊する危険がある．振動の周期は，応答特性および減衰特性と密接な関係にあり，注意が必要である．さきに図7･2で説明した蒸気機関の調速機は振動を起こしやすい．そこで，これを早く減衰させる補助装置を取り付けて使用する．

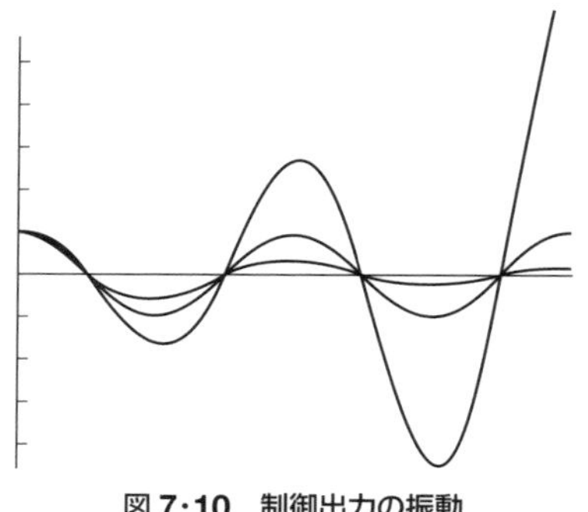

図7･10 制御出力の振動

自動制御装置の設計で基本になるのは**線形制御系**である．そこでは主要な素子の特性を，数学的に表現して，次のように大別する．

入力と出力が比例するもの
出力が入力の微分となるもの
出力が入力の積分となるもの

これらを組み合わせて，希望の特性をもつ調節部を構成する．

3. 安全性

飛行機の翼を動かすサーボ機構の故障は，重大な事故につながるおそれがある．そこで複数の系統を設け，1つが故障しても，ほかがこれをカバーするようになっている．列車の制御系では，故障のときは列車を停止させる方向に動作する．装置が誤動作しても，かならず安全側に倒れるような設計を**フェールセーフ**（Fail safe）という．人間の行動にはうっかりミスが避けられない．そのようなときにも，これを機械がカバーし，自動的に停止するなどの安全対策が重要である．

7･4 発展する自動制御

情報科学，情報機器の発達と相まって，自動制御の発展は著しい．それは高品質，高信頼性，製造コストの低下，製品に対するニーズの多様化への対応，安全の確保などに大きく役立っている．

1. 機械工業におけるオートメーション

かつての流れ作業では，自動制御された単能専用工作機械を1列に並べ，自動的に連続加工を行なった．この方法は単一品種を大量生産するときには，きわめて有効である．しかし最近では需要が多様化し，多品種少量生産が求められている．これに対応するため計算機制御工作機械やロボットを導入し，1つのラインで複数品種の生産を行ない，設計の変更に自由に応じられるような方式が普及してきた．

組み立て作業のように，従来，人手に頼らざるをえないと考えられていた仕事にも，ロボットが利用されるようになった．これは，人間の目に相当するセンサや，頭脳のはたらきをするソフトウェアの開発によってはじめて可能となった．

2. プロセスオートメーション

当初の自動制御は，反応装置の温度や流量などを個々に制御していた．しかし最近の産業では，工場全体から情報を集め，全装置がそのときの生産品種や生産量に応じて最適の状態で運転されるよう，全システムを総合的に制御し，品質の確保と省エネルギーを実現している．

鉄鋼生産のように，かつては高温高湿の悪条件下での重労働であったところも，現在では空調されたコントロールルームでの仕事に変わっている．自動制御は生産の効率ばかりでなく，人間の労働条件の改善にも役立っている．

大規模な工場設備の自動制御においては，大量のデータを高速処理しなければならないから，高性能のコンピュータが必要である．またそのソフトウェアの開発は重大な課題である．

3. 設計の自動化

機械の設計に要する時間を短縮し，すぐれた設計を少ない労力で正確に遂行するためにコンピュータの利用が進んでいる．紙と鉛筆を用いた設計図に代わって，**CAD**（Computer Aided Design）というコンピュータ支援設計が利用される．設計に必要なデータが大量にデータベースに収納され，設計者は素早く検索して利用する．設計の課程において，CAD/CAM 装置（コンピュータ上で設計・製造を支援）は，設計者を援助する．

設計の課程において，CAD は利点が多い．CAD には，2D CAD と 3D CAD があり，2D CAD は 2 次元の平面図を作成し，3D CAD は立体像のモデリングで曲面や複雑な形状も可視化でき，データ化により管理や共有，修正，転用などが簡単に行える．

完成した設計は自動的にコード化される．設計図ばかりでなく，NC 工作機の入力データや工程計画表，見積書などを直接に作成させることができる．

4. 運転管理と自動操縦

飛行機や船は，地上局や人工衛星からの電波に誘導され，あらかじめ設定されたコースにそって自動的に航行する．飛行機が着陸するときには，空港から発信される電波によって，滑走路に誘導する装置が用いられる．

鉄道では運転状況が集中列車制御装置によって監視され，列車の運行，ポイントの切替え等すべてがここで管制されている．運転の信号はレールにそって列車に伝えられ，その速度が制御される．

7章 練習問題

問題 7･1 自動制御とはどのようなものか．

問題 7･2 調速機とはどのようなものか．

問題 7･3 ブロック線図について説明せよ．

問題 7･4 閉ループ制御について説明せよ．

問題 7･5 数値制御とはどのようなことか．

問題 7･6 オンオフ制御とはどのようなものか．

問題 7･7 最近の自動制御にはどのようなものがありるか．

練習問題解答・解説

1章　機械と機械要素

問題 1·1　機械とは，いくつかの部品で構成され，人力，電気，燃料などのエネルギーを使って，一定の運動・仕事をするもの．

問題 1·2　④，⑤

問題 1·3　機械を構成する主要な要素となるもの．

問題 1·4　生産能率や品質を向上させ，製作費を安くし，どこの会社でも使うことができるようにするため．

問題 1·5　工業部門別に A，B，C などの部門記号を定め，規格の種類別に分類番号を定め分類されている．

2章　結合用機械要素

問題 2·1　リードはねじを1周回して軸方向に進む距離，ピッチはねじの山から山までの距離を表す．また，リードとピッチの等しい場合は一条ねじといい，異なる場合を多条ねじという．多条ねじは一条ねじより少ない回転で，より多くの距離を進むことにより，少ない回転でねじを脱着できるのが特徴となる．

問題 2·2　扇風機のファンが取り付けられるねじは左ねじ．ファンを取り付ける場合，軸が回転し始めるとき，ねじが締まる方向に切られている．扇風機は，軸側よりみて右回転（時計回り）に回転する．

問題 2·3　三角ねじ，角ねじ，台形ねじ，のこ歯ねじ，丸ねじ等．

問題 2·4　固定用：2つ以上の部分を結合して一体とする．
運動伝達用：万力
測定用：マイクロメータ

問題 2·5　通しボルト，押さえボルト，植込みボルト，小ねじ，止めねじ，タッピンねじ，木ねじ，ボールねじ，アイボルト，控えボルト，特殊ボルト．

問題 2·6　六角ナット，四角ナット，丸ナット，フランジナット，球面座付きナット，袋ナット，溝付きナット，つまみナット，蝶ナット，アイナット，ばね板ナット．

問題 2·7 ロックナットを用いる方法，ピンを用いる方法，座金を用いる方法，小ねじによる方法，針金で固定する方法，かしめて固定する方法，そのほか，ゆるみ止め用接着剤や樹脂コーティングしたものがある．

問題 2·8 工具は正しく使い，寸法の合ったものを用いること．重要な締め付けか所はトルクレンチを使用し，規定通りの締め付けを行う．締め付けやゆるめの順序があるか所はそれを順守すること．

問題 2·9 平行キー：軸のキー溝に植え込むキーで，小さな荷重や正転・逆転を繰り返さないか所で使用する．

こう配キー：軸のキー溝に打ち込むキーで，キーの側面で動力を伝達できるため，高速回転用や重荷重用に使用する．

半月キー：取扱いが容易なため，軸の強さを問題としない場合やキーの傾きが自動的に調整されるので，円すい軸端の場合などに使用する．

問題 2·10 溝付き軸には，スプラインやセレーションを切ったものがある．軸端の全周に多数の溝を掘り，同形のボス部にはめ込むものである．大きな力を伝達するのに適している．

問題 2·11 中心軸線方向に引張りまたは圧縮を受ける棒のようなものを結合するために，軸線方向と直角に打ち込んで用いる．

問題 2·12 板類を結合するのにはリベット継手があり，重ね継手，突合せ継手などがある．リベットの列によって，1 列継手，2 列継手，3 列継手があり，並び方によって千鳥形と並列がある．

問題 2·13 スリーブ継手，フランジ継手，たわみ継手，伸縮継手があり，スリーブ継手には筒形半重ね継手，摩擦筒形継手，箱形継手がある．

問題 2·14 2 軸が平行であるが一直線上になく，軸心間の距離が短いときに用いられるもので，それぞれの軸に対して相対的な運動をする仲介物を 2 軸間に設けたもの．

問題 2·15 かみ合いクラッチ，摩擦クラッチ，フリーホイール，流体クラッチがある．

問題 2·16 原軸と従軸との間にオイルなどの流体を入れて，原軸の回転がある程度大きくなったとき，流体の圧力によって 2 軸を結合させ，回転が小さくなって圧力が減少したときに結合が解かれるようにしたもの．

3 章 運動伝達用機械要素

問題 3·1 軸受には，平軸受，スラスト軸受，転がり軸受があり，その他特殊な軸受として，プラスチック軸受，焼結含油軸受，空気軸受，センタ軸受，磁気軸受がある．

問題 3·2 回転軸の中心線方向と同方向の荷重であるスラスト荷重を受ける場合，なめらかに回転させるために必要となる．身近なところでは，家電製品である冷蔵庫や掃除機，プリンタ周辺機など，また，釣具リールなどに使われ，工業用機械ではコンピュータ数値制御のフライス盤や旋盤，マシニングセンタなどの工作機械の主軸などに使われている.

問題 3·3　軸受本体が直接ジャーナルを支えている場合，接触面が摩減したときに軸受や軸を取り換えなければならない．そのため，接触面には軸受金を用い，摩減したとき，これだけを取り換えることができるためである.

問題 3·4　軸受金の材料として必要な性質は，次のとおりである.

① 摩減に耐えるようにかたいことと同時に，軸を傷つけない程度に，軸の材料よりやわらかくなければならない.

② 軸との間の摩擦係数が小さいこと.

③ 摩擦によって出た熱を逃がしてやるように，熱伝導のよいこと.

④ 腐食に耐えること.

⑤ 鋳造しやすいこと.

問題 3·5　ホワイトメタル（バビットメタルとも呼ばれる）によってつくられ，Sn に 5～10% の Cu, Sb を添加した軟質の軸受合金である．高荷重下での耐疲労性が低く，クラックの発生がしばしばみられた．そこでマイクロバビットと組み合わせることで，ホワイトメタルの耐疲労性は大幅に向上し，自動車エンジン用軸受の主流となり，コンロッド軸受，クランク軸受の 60～75%を占めるに至った．1970 年代になると油温の上昇にともなって，耐疲労性の不足からホワイトメタルは使用されなくなってきた.

現在のコンロッド軸受には，トリメタル，アルミニウム合金メタルを用い，トリメタルは，銅と鉛の合金（ケルメット）の表面にベアリングの初期なじみをよくするため，すずと鉛の合金めっきまたは鉛とインジウムの合金めっきが施されている.

問題 3·6　転がり軸受には，玉軸受（ラジアル玉軸受，スラスト玉軸受），アダプタ付き玉軸受，ころ軸受，円すいころ軸受，球面ころ軸受，針状ころ軸受，ミニアチュア玉軸受がある.

問題 3·7　軸と軸受のように，2 つ以上の部品がたがいに接触して運動する場合，そこに摩擦が起こり，伝える力の何倍かが失われる．また部品が摩耗し，その程度が激しい場合には，摩擦のため焼き付いたりする．このようなことを防ぐため，その間に油を注いで，接触面の間に油膜を形成させる必要がある.

問題 3·8　円板の周縁を押し付けて接触させ，一方を回転させれば，他方は摩擦力によってほかの円板の周縁上を転がって回転をする．このようなものを摩擦車という.

実用例として，カセットデッキ，プリンタ紙送り機構，自動車に使われる金属ベルト変速機，電車や機関車の鉄車輪などがある.

問題 3·9　巻き掛け伝動装置には，繊維やゴム，薄鋼板などを用いたベルト，あるいは鎖やロープなどがある.

問題 3·10　V 字形の断面を有する環状ロープで，糸や布をゴムの中に入り込ませてつくられたもの.

問題 3·11　ピッチ円とは，かみ合っている一対の歯車の，転がり接触している仮想の面をピッチ面といい，一般にこのピッチ面は，軸に直角な断面では円となり，この円のことを指す．

モジュールとは，基準円の直径を歯数で割った値のことである．

問題 3·12 歯形曲線には，インボリュート曲線とサイクロイド曲線があり，多くの歯車にはインボリュート曲線が用いられている．

問題 3·13 歯車には，平歯車，ラックとピニオン，ピン歯数，はすば歯車，かさ歯車，食い違い軸歯車，ねじ歯車，ウォームギヤ対がある．

問題 3·14 ピン歯車は，サイクロイド歯車の変形で従車として用いられる．バックラッシが多いことから一方向の回転に適した計測器や時計に用いられている．

問題 3·15 ウォームとウォーム歯車は，エレベータやエスカレータなど減速する機械装置に使われ，また，逆転できない点を利用して逆転防止歯車装置にも使われ，直角に交わる 2 軸の間に回転を伝え，大きな変速比で減速したりする構造となっている．

問題 3·16 歯車装置の回転比は，各歯車の歯数と回転数によって決まる．

問題 3·17 この遊星歯車機構においては，固定する要素をかえることにより速度伝達比や回転数方向がかわる．ここでは内歯車 C を固定するタイプのプラネタリ型について説明する．太陽歯車 A を入力軸，遊星キャリヤ D を出力軸とするときの速度伝達比を，数表法によって次のように求める．

プラネタリ型の速度伝達比の計算

No	説明	太陽歯車 A z_a	遊星歯車 B z_b	内歯車 C z_c	遊星キャリヤ D
(1)	遊星キャリヤを固定し太陽歯車 A を 1 回転する	$+1$	$-\frac{z_a}{z_b}$	$-\frac{z_a}{z_c}$	0
(2)	全体を糊づけにして $+\frac{z_a}{z_c}$ 回転する	$+\frac{z_a}{z_c}$	$+\frac{z_a}{z_c}$	$+\frac{z_a}{z_c}$	$+\frac{z_a}{z_c}$
(3)	(1)と(2)を合計する	$1+\frac{z_a}{z_c}$	$\frac{z_a}{z_c}-\frac{z_a}{z_b}$	0 (固定)	$+\frac{z_a}{z_c}$

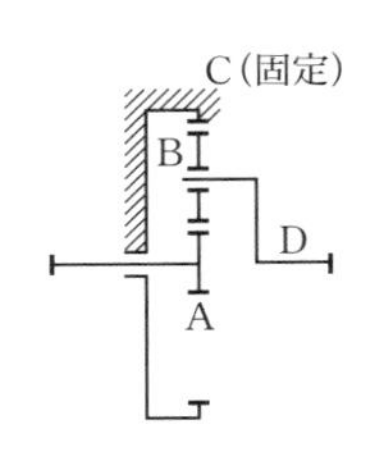

$$\text{速度伝達比} = \frac{1+\frac{z_a}{z_c}}{\frac{z_a}{z_c}} = \frac{z_c}{z_a} + 1$$

入力軸と出力軸の回転方向は同じである．

たとえば，$z_a = 16$，$z_b = 16$，$z_c = 48$ であれば，速度伝達比は 4 となる．

問題 3·18 自動車の差動歯車装置（Differential gears）として使われ，外側の車輪を早くする分だけ内側の車輪を遅くする．4 輪自動車の左右の駆動輪は，自動車が直進するときは同じ速度であるが，右または左に旋回するとき，外側の車輪は，内側の車輪よりも早く回転しなければスリップする．これを回避するための装置である．

問題 3・19　カムは，運動の方向を変えるもので，たとえば，回転運動を直線運動に変えたりする．任意の形状をもった機械要素の 1 つである．カム機構の種類には，カム本体の形状により，平面カムと立体カムに分かれる．平面カムは直進型と回転型に分類され，立体カムは，端面型・円筒型・円すい型・鼓型に分類される．ローラギヤカムはつづみ型の立体カムの 1 つである．

問題 3・20　リンク装置のうちでもっとも基本的な機構で，長さの異なる 4 本の棒（リンク）が，たがいにピンで結合され，環状になっているものをいう．

問題 3・21　リンクの回転運動をスライダの往復直線運動に変える機構ある．逆に，往復直線運動を回転運動に変えることもできる．クランクを 1 回転させることで，リンクによってつながれたスライダが 1 往復する．スライダが移動する距離は，クランクの長さの 2 倍になる．

自動車のエンジンのピストンは，往復運動をコネクティングロッド（連結棒）を通してクランクシャフト（クランク軸）の回転運動に変えている．また蒸気機関車の動輪に使われている．

問題 3・22　球面リンク装置とは，2 軸の好転を中心とする球面の上に運動するリンク装置を備えたものをいう．平面運動の四節回転機構に相当する．

問題 3・23　間欠機構とは，原節が連続的な運動をしているにもかかわらず，従節に間接的に運動が伝えられるような機構のことをいう．ねじ回し用ラチェットレンチ，欠け歯歯車，ゼネバ歯車などがある．

4 章　運動制御用機械要素

問題 4・1　ブレーキは，運動方向と逆の力を運動体に与えて，その運動を遅らせたり，停止させたりするもので，機械的な摩擦を利用するものと，流体の抵抗を利用するものがある．

問題 4・2　ブレーキには，ブロックブレーキやバンドブレーキがある．また，油や水の中で羽根車を回して，その抵抗で制動するものや，空気中でファンを回して，その抵抗で制動するものがある．

問題 4・3　自転車に使われているブロックブレーキは，機械的な摩擦を利用するもので，ブロックをレバーで引き上げて，車輪のリムの内側に押し付けるようにして制動するものである．

問題 4・4　自動車のブレーキには，ドラムブレーキ（内拡式，外部拡張式）とディスクブレーキがある．内拡式ドラムブレーキは，ドラムの内面に摩擦材を押し付けて制動するもので，外部拡張式ドラムブレーキは，ドラムの外面に摩擦材を押し付けて制動するものである．また，ディスクブレーキは，ディスクの両面に摩擦材を押し付けて制動するものである．

問題 4・5　ブレーキライニングは，ブレーキシューに取り付けられている摩擦材のことで，ブレーキライニングに貼ったブレーキシューを，ブレーキドラムの内側に押しつけることで制動するものである．

問題 4･6 油圧ブレーキは，車にもっとも多く採用されているブレーキで，油圧がブレーキペダルを踏み込むとマスタシリンダで発生し，ホースやパイプを経由して各車輪のホイールシリンダ，キャリパのピストンに伝達される．ピストンは油圧に押されブレーキシューやパッドを押す力となって制動力を得る．

問題 4･7 物体が流体内を運動するとき，その流体抵抗を用いたブレーキで，航空機に使用されるものは，機体から抵抗板を出してブレーキをかけるエアブレーキや，後尾からパラシュートを出してブレーキをかけるものがある．また，自動車や船舶などのエンジンを試験するのに用いられているハイドロリックブレーキがある．これは容器内に水または油を利用して，羽根車を回転させてブレーキとしている．

問題 4･8 ばねは，外力が加わると変形して，その力を取り除くと元に戻るという，弾性を利用した機械要素である．使用する目的は，衝撃の緩和，運動や圧力の制限，力の測定，エネルギーの貯蔵などである．

問題 4･9 ばねには，板ばね，コイルばね，渦巻きばね，トーションバースプリング，圧縮空気や油圧を利用したばねがある．

問題 4･10 コイルばねは，圧縮用コイルばね，引張り用コイルばね，ねじり用コイルばねがある．

圧縮用コイルばねには，等ピッチコイルばねと不等ピッチコイルばねがあり，等ピッチコイルばねは，車のサスペンション，パソコンのキーボード，ボールペンなどさまざまある．

不等ピッチコイルばねは，車のエンジンのバルブ取り付け部に用いられ，バルブスプリングの高速時の異常振動を防ぐ役目に使われ，また，乾電池を入れるケースやベッドのクッションなどもある．

引張り用コイルばねは，車のブレーキ部や自転車のスタンド，計量器などに使われ，ねじり用コイルばねは，安全ピンや穴あけパンチ，クリップなどで使われている．

問題 4･11 ばねにおもりを吊るすと，ばねは伸びる．このとき，ばねはもとの長さに戻ろうとするが，力のつり合った位置で止まる．ばねばかりは，力によるばねの変形がもとに戻る性質である弾性を利用したはかりである．

問題 4･12 渦巻きばねは，帯状の板あるいは針金のようなものを渦巻き状に巻いたもので，動力用ばねで，時計や計測機器，車のシートベルトの巻き取り部などに利用されている．

問題 4･13 エアサスペンションとは，圧縮空気を用いたばねで，自動車や鉄道車両の緩衝用として用いられ，乗り心地を良くしている．

問題 4･14 ばねの材料には，ばね鋼，鋼線，ピアノ線，ステンレス鋼線などのほかに，黄銅，青銅，洋銀，ゴム，プラスチックなどがある．オイルやエアのような液体や気体も，ばねの材料として使われる．

問題 4･15 逃がし止め装置（エスケープメント）とは，運動している物体に間欠的に妨害を加え，運動を間欠的に制御することを繰り返す機構で，家庭用時計に用いられている．ぜんまいなどの動力を受けて回転するがんぎ車に，いかり形のアンクルが，時計のテンプの軸に固定されている．このアンクルが等時的に揺動して，時計の時間を規正される．

5章　流体用機械要素

問題 5･1　管は，その中を通る流体の種類，使用状態などによって各種ある．鋳鉄管，継ぎ目なし鋼管，鍛接管，銅管および黄銅管，たわみ金属管，ゴムホース，合成樹脂管がある．

問題 5･2　ねじ継手には，エルボ，45°エルボ，ティー，ソケット，径違いソケット，ニップル，ブッシュ，キャップ，プラグ，フランジユニオンがある．

問題 5･3　運動の仕方や形状によって，持ち上げ弁，すべり弁，バタフライ弁，蝶番弁，コック，回転弁の種類に分けられ，弁を駆動する方法からは，手動弁，自動弁，機械駆動弁の種類に分けられる．

問題 5･4　自動弁は，外部から力を作用させなくても自動的に開閉する弁で，ポンプや送風機などによく用いられている．逆止め弁や安全弁，減圧弁などがある．

問題 5･5　すべり弁は，弁体が弁座面に平行にすべりながら動く弁で，全開したときに管路をほとんど妨害しないので，流体を乱さない利点がある．しかし，半開きのときは，弁体の裏側に渦ができ，圧力損失が生じる欠点がある．

コックは，円錐状の栓を管路に直角にはめ込んで管路を開閉するもので，各種流体を通す小径の管に取り付け，広く使われている．構造が簡単で安価，取り扱いもしやすい，しかし，摩滅しやすく，傷つきやすいのが欠点である．

問題 5･6　オイルシールやＯリングがある．

オイルシールは，回転軸において潤滑剤の漏れや異物の混入を防ぐ密封装置の一種であり，オイル（油）をシールする（封じる）機械要素である．**JIS B 2402** に各種のものが定められている．

Ｏリングは，断面がＯ形の環状パッキンで，溝部に装着して適度に圧縮し，油，水，空気，ガスなど，さまざまな流体が漏れるのを防ぐ密閉装置の一種で，これも機械要素である．Ｏリングの利点は，形状が非常にシンプルであり，汎用性が高いことである．**JIS B 2401-1** に形状，寸法，外観，材料などについて定められている．

問題 5･7　パッキンとは，往復運動や回転運動する運動面に用いられるシールのことで，ガスケットとは静止面に用いられるシールのことをいう．運動と固定の両用で使われているＯリングは，パッキンとガスケットの両方に属する．

問題 5･8　わが国では，**JIS B 8241：1989** の継目なし鋼製高圧ガス容器の規定と「高圧ガス取締法」が1951年（昭和26年）6月に公布され，のち1996年（平成8年）3月に「高圧ガス保安法」に改題された法律で規制されている．

問題 5･9 流体伝動は，液体や気体などの流体を媒介として伝動される．利点としては，原節側の始動が容易である．過負荷の場合，原節側を安全に保つ，変速が容易など多数ある．欠点としては，効率が低いことである．

問題 5･10 空気圧縮機には，往復式圧縮機，ルーツ形圧縮機，多翼形回転圧縮機，遠心形圧縮機，軸流形圧縮機などがある．

問題 5･11 リベット打ち機は，リベット頭と同じ形状のくぼみをもったスナップに，圧縮空気の圧力で直線往復運動をさせて，リベットの頭を打つものである．

問題 5･12 水や油などの液体を媒介とした液体伝動と空気を媒介とした空気伝動を比較すると，液体は空気と違ってほとんど圧縮しないため，気体の場合よりすみやかに，かつ確実に運動を伝えることができる．液体に水を使った場合，容器類を錆びさせてしまう点が欠点となる．

問題 5･13 ピストン式往復ポンプ，プランジャ式往復ポンプ，回転式歯車ポンプ，偏心ポンプ，遠心式ポンプ，軸流ポンプがある．

問題 5･14 小径ピストンに小さな力を加えると，大径ピストンには面積に比例した大きな力が生まれる．これを利用したのが油圧プレス機である．これはパスカルの原理を利用したもので，パスカルの原理とは「密閉された容器の中で流体は，容器形状に関係なく，液体の一部に加えられた圧力がそのまま流体のほかのすべての部位に同じ大きさで伝わる」というものである．

問題 5･15 自動車の油圧ブレーキとは，ブレーキペダルを踏むと，主油圧シリンダ（マスタシリンダ）の中の油に圧力が加わり，ブレーキパイプおよびブレーキホースを経由して，車輪に取り付けたシリンダに油圧が伝わる．油圧により，この中にあるピストンが押され，ブレーキ片が作動してブレーキがかかる．

6章　回転体

問題 6･1 動力を受けて回転している軸の回転力は，いつも一様ではない．この不平均な回転力を平均にするのがはずみ車で，発生する回転力が大きいときは，はずみ車がその大きな慣性でエネルギーを吸収して回転速度が過大になるのを防ぎ，回転力が減ったとき，あるいは負荷が大きくなったときには，さきに吸収したエネルギーを出して回転速度の低下を防ぐ．このようにして回転力および回転速度を平均する．

問題 6･2 内燃機関のクランク軸（クランクシャフト）のような回転動力軸は，エンジンや電動機で発生する回転力を動力として伝達する．このとき，トルクの発生は間欠的となり，トルク変動や回転速度の変動があり，回転むらを引き起こす．これを防ぐのが，はずみ車（フライホイール）である．はずみ車は，クランク軸の後端に付ける重たい円盤で，「燃焼行程」で発生したトルクは，クランク軸を回す回転力になり，回転を維持しようとする．しかし，次の「排気行程」は，自力で回転できないので回転速度は低下する．はずみ車がクランク軸につられて回ることによって，はずみ車の回転の勢い（慣性力）が，回転低下を防ぐようにはたらき，回転を維持する．はずみ車の径は，大きく重たいほうが安定した回転を維持する．

問題 6･3　機械に用いられている回転体は，形状や加工によって必ずしもつり合いが取れているとはいえない．この回転体が回転するとき，遠心力がはたらき，軸に振動が起こる．これを防ぐために，つり合いおもりが必要である．

問題 6･4　車輪は，自動車や電車などにみられるように，回転運動を直線運動に変えるのに用いられるものである．転がり抵抗だけを受けるので，抵抗が小さく，軽く回転させることができる．

7章　自動制御

問題 7･1　自動制御とは，機械がその本来の機能だけでは目標を達成することができない場合，外部から制御を行ない，これを自動的に行なうことである．

問題 7･2　調速機は，蒸気機関や内燃機関などで，クランク軸の回転変動などに対して，回転速度を一定に保つためのもので，クランク軸の回転速度をおもりの遠心力を利用して自動制御する装置である．

問題 7･3　ブロック線図とは，システムの構成を図式的に表したもので，ブロックダイアグラムともいう．記号や矢印で構成され，システムを共有するのに有効となる．

問題 7･4　閉ループ制御とは，フィードバック制御ともいい，目標値とする入力値と制御量とする出力値を比較して一致させるように，全体の操作量を調整する制御のことである．

問題 7･5　数値制御とは，信号指令を数値によって行なうプログラム制御のことで，工作機械で多く用いられ，加工物に対して工具の位置や向き，送りの速度などを制御するものである．

問題 7･6　オンオフ制御とは，たとえば，電気こたつで，温度が設定値より高くなれば，ヒータがオフになり，温度が設定値より低くなれば，ヒータがオンになる．ヒータをオンオフすることで，温度を一定に保つ．このような制御のことをオンオフ制御という．

問題 7･7　自動制御については，工学の分類からいえば，機械，電気などの多くの専門分野にまたがり，注目され，さまざまなものが開発され続けている．ここでは自動車分野の自動制御の1例をあげる．完全無人で走る自動運転車の開発を進めているなか，AI（人口知能）技術を使ってアクセル，ハンドル，ブレーキなどの操作を自動制御させている．最近では，一部の地域で自動運転タクシーが実用化された．

索引

［さ行］

［た行］

［な行］

［は行］

［ま行］

［や行］

［ら行］

［わ行］

【著者略歴】

真保 吾一（じんぼ ごいち）※故人

元東海大学教授，元東京学芸大学教授

【改訂者略歴】

長谷川 達也（はせがわ たつや）

鳥取大学大学院工学研究科博士後期課程修了
中日本自動車短期大学教授，副学長 博士（工学）

- 本書籍は，理工学社から発行されていた『初学者のための 機械の要素（第3版）』を改訂し，第4版としてオーム社から版数を継承して発行するものです．

初学者のための 機械の要素（第4版）

1964年11月1日　第1版第1刷発行
1990年11月30日　第2版第1刷発行
2003年4月10日　第3版第1刷発行
2023年11月25日　第4版第1刷発行

著　者　真保吾一
改訂者　長谷川達也
発行者　村上和夫
発行所　株式会社 **オーム**社
郵便番号　101-8460
東京都千代田区神田錦町3-1
電話　03(3233)0641(代表)
URL　https://www.ohmsha.co.jp/

印刷・製本　平河工業社
ISBN978-4-274-23122-3　Printed in Japan